AS MÚLTIPLAS VERSÕES DO TEMPO
(na Física e na Cosmologia)

Série
Mario Novello

Mario Novello

AS MÚLTIPLAS VERSÕES DO TEMPO
(na Física e na Cosmologia)

Série
Mario Novello

1ª edição
São Paulo
2025

© Mario Novello, 2024

1ª Edição, Editora Gaia, São Paulo 2025

Jefferson L. Alves – diretor editorial
Richard A. Alves – diretor-geral
Judith Nuria Maida – coordenadora da Série Mario Novello
Flávio Samuel – gerente de produção
Juliana Campoi – coordenadora editorial
Jefferson Campos – analista de produção
Flavia Schaller – capa
Equipe Editora Gaia – produção editorial e gráfica

Na Editora Gaia, publicamos livros que refletem nossas ideias e valores: Desenvolvimento humano / Educação e Meio Ambiente / Esporte / Aventura / Fotografia / Gastronomia / Saúde / Alimentação e Literatura infantil.

Em respeito ao meio ambiente, as folhas deste livro foram produzidas com fibras obtidas de árvore de florestas plantadas, com origem certificada.

Dados Internacionais de Catalogação na Publicação (CIP)
(Câmara Brasileira do Livro, SP, Brasil)

Novello, Mario
  As múltiplas versões do tempo : (na Física e na Cosmologia) / Mario Novello ; [posfácio de Rodrigo Petronio]. – 1. ed. – São Paulo : Editora Gaia, 2025. – (Série Mario Novello)

  Bibliografia.
  ISBN 978-65-86223-62-0

  1. Cosmologia 2. Cosmos 3. Espaço e tempo 4. Física 5. Universo I. Petronio, Rodrigo. II. Título. III. Série.

24-246331   CDD-523.1

Índices para catálogo sistemático:
1. Cosmologia : Astronomia   523.1

Eliete Marques da Silva - Bibliotecária - CRB-8/9380

Obra atualizada conforme o
NOVO ACORDO ORTOGRÁFICO DA LÍNGUA PORTUGUESA

Editora Gaia Ltda.
Rua Pirapitingui, 111-A – Liberdade
CEP 01508-020 – São Paulo – SP
Tel.: (11) 3277-7999
e-mail: gaia@editoragaia.com.br

Direitos reservados.
Colabore com a produção científica e cultural.
Proibida a reprodução total ou parcial desta obra sem a autorização do editor.

Nº de Catálogo: **4771**

Este livro é dedicado a meu neto
Luca Novello Moreira, que, um dia, quando
criança, me perguntou: "Vô, o que é o tempo?"

SUMÁRIO

Preâmbulo 17

Roteiro 18

Introdução 19

Síntese abrangente 20

Revoluções na Física do século XX: relatividade e *quantum* 22

A Cosmologia, uma Ciência histórica 24

Teleologia 27

Capítulo 1
Tempo único: dos filósofos gregos a Newton 29

Capítulo 2
Einstein e o tempo dos observadores inerciais 31

Cenário geral 31

A Relatividade Especial e os observadores inerciais 33

Intermezzo técnico (mas não muito) 35

A massa dos corpos 36

Causalidade local 38

Capítulo 3
O tempo alterado pela gravitação 41

Gravitação como modificação da geometria do espaço-tempo 41

A interação eletromagnética 43

Os caminhos da luz 43

Capítulo 4
Gauss e o tempo absoluto 45

Como definir um tempo absoluto? 45

Os axiomas da geometria 45

Superfície tridimensional 47

Capítulo 5

Friedmann e o tempo finito em seu modelo cosmológico 49

Sistema de coordenadas global 51

Comentário (um pouco técnico) 51

Capítulo 6

O tempo infinito no Universo eterno 53

Universo com *bounce* 53

Capítulo 7

O tempo cíclico 57

Causalidade local 57

Gödel 58

Imitação de curvas ao passado 61

Sistema de observadores gaussianos 62

Geometria de Minkowski, observadores de Rindler 64

Geometria de Minkowski, observadores de Milne 65

Sistema gaussiano na Geometria de Gödel 67

Capítulo 8

O tempo e as leis físicas 69

Um breve comentário sobre o Universo 69

Revolução na Física no século XXI 69

Os precursores 72

Princípio de Mach generalizado 74

O caso da dinâmica de Heisenberg 74

A nova compreensão da ordem cósmica que emerge
da dependência temporal das leis físicas 75

Comentário 78

Uma observação adicional 79

Virtual e real 80

Autocriação do Universo 82

Transformando virtualidade em realidade 84

Polarização do vácuo 85

As leis físicas variam com o tempo, elas são históricas 86

Um exemplo no mundo microscópico: a variação
da força nuclear fraca 87
Lattes: do *méson-π* à variação das leis físicas 88
Matéria e antimatéria 89
Bifurcação 90
Universo cíclico 91

Capítulo 9
Os cientistas se juntam aos poetas e reinventam o tempo 93
Os transgressores 96

Capítulo 10
O tempo no mundo dos *quanta* 101
A Geometria de Weyl 101
Tempo na Geometria de Weyl 103

Apêndice
O fim da ortodoxia na Ciência 105
As imagens do tempo na mitologia grega 109
Cronos 111
Kairós 112
Aión 113
Thalia 114
Mnemosine 115
Clio 116

Bibliografia 117

Posfácio
Mario Novello e o Cristal de Tempo 121

Sobre o autor 127

AS MÚLTIPLAS VERSÕES DO
TEMPO
(na Física e na Cosmologia)

Le temps s'habille de mystère.*

---

* "O tempo se veste de mistério" (tradução nossa). Trecho da canção "Plus Fort que Nous", de Francis Albert Lai e Pierre Elie Barouh, do filme *Un homme et une femme,* de Claude Lelouch, 1965.

— *Papai, existe mais de um tempo?*

— *Não, linda, no nosso cotidiano existe só um.*

— *Mas por que então os físicos, teus amigos,
ficam sempre falando de tempo isso,
tempo aquilo, tempo absoluto, tempo relativo...*

— *É que eles pensam além de nosso dia a dia.
Esses tempos outros não fazem parte de nosso cotidiano. Para
nós, são fantasias. Mas eles são tão reais quanto o nosso.
É difícil entender esses outros tempos porque
se trata de uma conversa entre físicos,
um modo de falar, um dialeto de comunicação entre eles.*

PREÂMBULO

O tempo é certamente um dos temas de reflexão mais atraentes. Ele foi exaltado em mitos nas antigas civilizações, foi objeto de indagações filosóficas e de estudos sistemáticos em várias áreas do conhecimento. Iremos considerar diferentes análises sobre o tempo feitas no campo da Física e da Cosmologia. Entre os físicos, o tempo é certamente o conceito mais analisado. Em verdade, toda revolução na Física tem como preliminar uma nova concepção de tempo.

Em um primeiro momento, essa análise limitava-se a processos que aconteciam na Terra e deram origem a verdadeiras revoluções, como no caso da formulação da Teoria da Relatividade Especial. Ao longo do século XX essa restrição foi ultrapassada. Graças aos fenômenos gravitacionais, novidades inesperadas envolvendo novas interpretações sobre o tempo surgiram. Desde processos concentrados nas estrelas — território da Astrofísica — até as imensidões cósmicas, descritas na Cosmologia.

Essas reflexões chegam à sociedade, aos outros saberes, de modo transversal, produzindo, às vezes, uma distorção das propostas originais dos físicos sobre a questão temporal.

Nós acreditávamos que o tempo fosse único. É assim que aprendemos desde criança.

No entanto, como veremos, há dois contextos que induzem modificações importantes no tempo de um observador:

1. quando ele se movimenta com velocidade muito elevada, próxima à da luz;
2. quando seu relógio se encontra em um campo gravitacional.

Há também uma outra configuração em que a noção de tempo é bastante distinta da convencional, mas que está além do mundo a que temos acesso direto e que aparece no microcosmo, no mundo quântico. Com a implementação do diálogo entre diversas áreas do saber, essas várias teorias e observações sobre o tempo passaram a ser conhecidas de modo mais fiel por pensadores de outras áreas de conhecimento e, então, discutidas, apreciadas, entendidas e, em alguns casos, criticadas.

Roteiro

1. Tempo único.
2. Tempo relativo.
3. O tempo alterado pela gravitação.
4. Tempo absoluto.
5. Tempo cósmico finito.
6. Tempo cósmico infinito.
7. Tempo cíclico.
8. O tempo e as leis físicas.
9. Os cientistas se juntam aos poetas e reinventam o tempo.
10. Tempo no mundo dos *quanta*.

Introdução

Os textos que compõem este livro são o resultado de um curso que apresentei no Centro Brasileiro de Pesquisas Físicas para uma plateia variada de cientistas de diversos saberes, como físicos, cosmólogos, filósofos e representantes de outras áreas humanas.

Trata-se de construir uma visão ampla das diferentes interpretações que o conceito de tempo tem recebido tanto pelos cientistas — em particular, pelos físicos — quanto pelas diversas análises que os saberes das Ciências Humanas têm desenvolvido — em particular, pelos filósofos.

Esses textos não pretendem ser uma história dos diversos significados usados tradicionalmente envolvendo definições de tempo, mas sim exibir um olhar atual sobre esses modos que ainda hoje consistem em referências importantes sobre o que entendemos por tempo.

No final do século XIX ocorreu uma série de transgressões na Física que produziram o alargamento incomensurável do Cosmos, a relatividade dos modos de observação e a substancialização do espaço-tempo, levando à desconstrução do absoluto na Física.

A impossibilidade de existir movimento com velocidade maior do que a da luz foi posta em evidência por Poincaré, Lorentz, Fitzgerald e outros. Isso permitiu a síntese de uma nova descrição do espaço e do tempo, realizada em 1905, pela Teoria da Relatividade Especial de Einstein.

Essa teoria inviabilizou a Física newtoniana da gravitação, a qual não se adaptava. Foi necessário, portanto, uma nova teoria para descrever os processos gravitacionais, possibilitada pelo surgimento da Teoria da Relatividade Geral.

Nessa teoria, o espaço-tempo imaterial se transfigura em uma forma maleável, relacionando a geometria do mundo à matéria e energia existente, consubstanciando a imagem de que a estrutura métrica do espaço-tempo não é um absoluto *a priori*, mas sim uma variável dinâmica.

Surge então um novo modo de entender a grandiosidade do Cosmos. No primeiro momento, timidamente, no cenário cosmológico estático proposto por Albert Einstein e, mais adiante, de modo mais realista, no modelo dinâmico concebido por Alexander Friedmann. Foi aberto, assim, o caminho para uma tentativa audaciosa capaz de permitir à razão científica elaborar uma história global do Universo. É o que estamos realizando.

Antes de começarmos nossa caminhada, façamos uma rápida leitura do que veremos mais adiante.

Síntese abrangente

O sucesso da Cosmologia nas últimas décadas permitiu o ressurgimento de questões no cenário-padrão da Ciência que haviam se tornado irrelevantes ou sem interesse. Dentre essas, a mais provocadora concerne à variação das leis físicas com o tempo cósmico.

Essa possibilidade só pôde ser considerada a partir da certeza de que entre a proposta de que vivemos em um Universo estático (Einstein) ou em um Universo dinâmico (Friedmann) — onde o volume total do espaço varia com o tempo global —, é este último quem tem razão.

A dependência temporal implica de imediato uma questão crucial: como conciliar essa variação com o papel da Ciência, organizada

As múltiplas versões do tempo | Introdução

a partir da ideia de que existem leis físicas eternas e imutáveis.

Tradicionalmente, o *establishment* aceita como uma verdade absoluta a existência dessas leis imutáveis como o fator determinante da descrição de que vivemos em um Universo estável e compreensível. Essa variação das leis físicas não impede a aplicação dessas leis na Terra, isto é, não afeta a organização tecnológica, pois essa variação ocorre para tempos cosmológicos.

A Cosmologia moderna se estabeleceu a partir da Teoria da Relatividade Geral (TRG) de Albert Einstein, que substituiu a interpretação newtoniana dos processos gravitacionais. Na TRG, a gravitação é identificada com a geometria do espaço-tempo quadridimensional, cuja dinâmica é controlada pela distribuição de matéria e energia.

No primeiro cenário proposto por Einstein, essa distribuição é caracterizada por um fluido perfeito — isto é, a entropia constante — de densidade de energia. E, em seguida, o russo Alexander Friedmann considerou que a matéria no Universo possuía interação entre suas partes descrita por uma pressão P, e que há uma relação linear entre P e E.

Quando a energia e a pressão são estritamente positivas, o modelo de Friedmann possui uma singularidade, chamada vulgarmente de "Big Bang". De um modo ingênuo e incorreto, essa singularidade foi identificada como o "começo do Universo".

Na década de 1970, foram descobertos modelos de Universo sem singularidade, possuindo *bounce*. Isso significa que, anteriormente à fase atual de expansão, o Universo teria tido uma fase de colapso gravitacional em que seu volume total diminuiria com o tempo.

A dependência temporal da geometria permite entender a terceira revolução na Física do século XX.

Para seguirmos nessa análise, vamos compreender um pouco mais sobre as revoluções ocorridas na Física no século XX.

Mario Novello

Revoluções na Física do século XX: relatividade e *quantum*[1]

Na virada para o século XX, uma crise que se prolongava por mais de um século foi finalmente dissolvida, dando origem a uma profunda restruturação da Física. Duas grandes revoluções começavam a aparecer no cenário da Física, devido a dificuldades em explicar certos fenômenos, como a disputa sobre o valor da velocidade da luz. Diversas experiências apontavam para um valor extremo e constante, independente do estado de repouso ou movimento do observador. Por outro lado, acirrava-se uma discussão sobre o verdadeiro caráter da luz, se ela deveria ser entendida como onda ou partícula. A solução dessas questões conduziu ao surgimento de duas grandes teorias: a Relatividade e a Quântica.

Na formulação da Relatividade Especial, transforma-se a estrutura estática de um espaço absoluto tridimensional e um tempo absoluto em um espaço-tempo de quatro dimensões, igualmente absoluto.

O passo mais crucial dessa teoria foi o abandono da tradicional geometria euclidiana e a aceitação de uma geometria mais geral, uma particular geometria riemanniana, plana, isto é, de curvatura nula, que recebeu o nome de Geometria de Minkowski.

Nessa nova estrutura, a métrica não impõe que a distância entre dois pontos do espaço-tempo seja definida sempre positiva, como acontece na Geometria de Euclides. Ou seja, uma distância

---

[1] Texto publicado originalmente na revista eletrônica *Cosmos e Contexto*, em junho de 2022, sob o título "A terceira revolução na Física". Disponível em: https://cosmosecontexto.org.br/a-terceira-revolucao-na-fisica/. Acesso em: 26 dez. 2024.

entre dois pontos do espaço-tempo pode ser nula mesmo que esses pontos não coincidam. Essa foi a principal alteração na estrutura da geometria produzida pela junção do tempo às três coordenadas espaciais que passou a representar os fenômenos, localizados como pontos quadridimensionais, configurando o espaço-tempo.

A partir desse momento, as questões da Física passaram a ser estabelecidas sobre esse pano de fundo da Geometria de Minkowski, desde que não se considerem os efeitos gravitacionais.

Quanto à gravitação, ela foi posteriormente associada a alterações na geometria, retirando o caráter absoluto da métrica de Minkowski, no que ficou conhecida como Teoria da Relatividade Geral.

Por outro lado, durante um longo tempo, a caracterização da luz como onda ou partícula dividiu a comunidade científica, até que ficou claro que o comportamento da luz depende do valor de sua energia. Quando o comprimento de onda da luz (o inverso de sua frequência) é extremamente pequeno, e sua energia extremamente elevada, sua aparência como corpúsculo predomina. Quando ele for grande, seu caráter ondulatório aparece claramente.

O físico francês Louis de Broglie fez então uma analogia inusitada que resultou em enormes consequências na evolução da Teoria Quântica.

Sem medo de lançar uma ideia que seus colegas consideravam fantasiosa, De Broglie propôs que, assim como a luz pode ser descrita por uma dualidade de configuração (onda-corpúsculo), essa dualidade deveria se estender igualmente para toda a matéria. Ou seja, aquilo que percebemos como uma partícula ao nível microscópico, poderia ser atribuída à característica de uma onda. Essa esdrúxula ideia resultou ser extremamente frutífera.

Tão logo apareceram, tanto a Teoria da Relatividade quanto a Quântica foram alvo de críticas violentas por alguns célebres

Mario Novello

cientistas que sustentavam o *establishment*, ocupando posições de destaque na comunidade científica.

Em verdade, tal resistência é até mesmo esperada, uma vez que se trata de uma mudança radical na compreensão dos fenômenos. Mais ainda quando se é obrigado a usar uma linguagem completamente nova, até mesmo para os físicos, como foi o caso da Teoria Quântica. Talvez devêssemos lembrar que, em alguns artigos de divulgação, há comentários segundo os quais, não fosse o estabelecimento e a aceitação completa daquelas duas revoluções pelo *establishment*, nada de fundamental teria acontecido na Física.

No entanto, temos hoje motivos suficientes para acreditar que estamos no centro da eclosão de uma terceira revolução na Física[2]. Nós trataremos dela mais adiante, mas vejamos um breve comentário a seguir.

A Cosmologia, uma Ciência histórica

A Física não é uma Ciência histórica. Os cientistas acreditam (esse é o termo correto) — graças ao sucesso da Ciência, da tecnologia e pelos constantes elogios que o *establishment* atribui a esse sucesso — que as leis físicas constituem rígida forma de comportamento dos fenômenos. São estatutos pétreos que delimitam os fenômenos no

---

[2] É verdade que apareceram, aqui e ali, conjecturas segundo as quais uma eventual terceira revolução deveria ser considerada, como consequência do enorme desenvolvimento tecnológico ocorrido no século XX, graças ao aperfeiçoamento do poder de cálculo e da sofisticação dos computadores. Uma análise, mesmo que superficial, desse progresso tecnológico torna evidente que essas novas técnicas limitam-se a facilitar os modos de produção científica; não produzem as ideias que, essas sim, são capazes de causar modificações fundamentais de nosso conhecimento sobre o Universo.

As múltiplas versões do tempo | Introdução

mundo. Tais leis estão passíveis de sofrerem alterações ao longo do tempo e estão relacionadas à nossa forma de descrevê-las. Não se considera que uma eventual modificação da Lei seja devida à variação da Natureza.

Essa organização das Leis da Natureza foi estendida, sem alteração, muito além de seu campo de observação, além do Sistema Solar, além da nossa galáxia. Tal procedimento é típico da ordem científica: extrapolar uma lei até que, eventualmente, ela entre em contradição com alguma observação.

Foi assim que a Cosmologia, ao longo do século XX, foi tratada, como se não necessitasse de alguma característica especial, inexistente na Terra e em sua vizinhança — ou seja, ela seria nada mais do que uma "física extragalática". Para além da prática convencional de extrapolação, essa caracterização tinha uma dupla finalidade: assegurar que para conseguir descrever as características do Universo é suficiente aplicar, sem nenhuma alteração, as leis físicas terrestres; e, por outro lado, impedir que floresça uma descrição do Universo capaz de pôr em dúvida a função prática da Ciência.

Como justificativa maior, havia o receio de que a atração que os astrônomos exibem na contemplação dos céus despertasse alguma primitiva forma de transcendência e ocasionasse uma aproximação com outros saberes que, ao se encantarem com o cosmos, contribuem para formas de reflexão próximas tanto da religião, quanto da filosofia.

Essa descrição convencional da Cosmologia foi realizada a partir da observação da propriedade que permite afirmar que a dinâmica do Universo é controlada pela força gravitacional. Devemos notar que a Cosmologia — de modo distinto da Ciência convencional que se organizou a partir do compromisso da teoria com experimentos — não realiza experimentos, mas somente se organiza a partir de observações de fenômenos não controláveis.

Contrariamente à força eletromagnética, que pode ser atrativa ou repulsiva, a gravitação é sempre atrativa. Devido à sua universalidade (tudo que existe sente a interação gravitacional), não é possível, na prática, produzir em laboratório um tipo específico de gravitação. No caso do eletromagnetismo, a existência de cargas positivas e negativas permite ao cientista, com habilidade, produzir variadas formas de campo eletromagnético no laboratório. Nada semelhante na gravitação, pois não existe massa negativa. Como consequência, processos controlados pela força gravitacional não podem ser fabricados em laboratório. Eles podem ser somente observados.

Em seu livro de 2004, *Après Darwin: la biologie, une science pas comme les autres* [Depois de Darwin: biologia, uma ciência como nenhuma outra], Ernst Mayr produz uma sólida argumentação segundo a qual a Biologia é uma Ciência histórica. Ou seja, ela não pode ser axiomatizada, pois os fenômenos que ela descreve podem variar, segundo o contexto em que acontecem. Mayr apresenta argumentos consistentes que eliminam a possibilidade de a evolução dos seres vivos ter uma origem teleológica.

No livro *O Universo inacabado* (2018), revisitando *Cosmos e Contexto* (1987), descrevo alguns processos que permitem caracterizar, de modo semelhante, a Cosmologia como uma Ciência histórica.

Isso significa que a aplicação das leis físicas terrestres à imensidão cósmica não podem ser feitas de modo automático, mas devem levar em conta sua posição no espaço-tempo, ou seja, sua situação histórica.

A sustentação dessa modificação está relacionada à proposta exitosa do físico russo Alexander Friedmann de que nosso Universo é um processo dinâmico, cuja configuração varia com o tempo cósmico. Como consequência, o volume tridimensional do espaço varia com o passar do tempo.

Teleologia

Se as Leis da Natureza, ou melhor, as Leis Cósmicas variam com o tempo, isso implica uma evolução? Têm elas um objetivo ulterior? Haveria alguma forma escondida de controle das alterações dessas leis? Podemos, sem nenhuma dúvida, responder negativamente a essas questões que a Biologia, por meio da argumentação de Mayr, trouxe à análise filosófica. A razão para isso é o que iremos esclarecer agora. Para entendermos a ausência de uma teleologia na variação das leis cósmicas, devemos entender o modo pelo qual essa variação ocorre. Um breve desvio técnico será então necessário.

O território da Cosmologia é controlado pela interação gravitacional, descrita na Teoria da Relatividade Geral. Devido à sua universalidade, é possível associar os processos gravitacionais a alterações na geometria do espaço-tempo.

Segue dessa teoria que a matéria e a energia, sob qualquer forma, alteram a geometria do mundo, produzindo curvatura no espaço-tempo. Em um Universo dinâmico, como A. Friedmann o descreveu, essa curvatura depende somente do tempo cósmico.

A historicidade das leis cósmicas ocorre como consequência do processo de interação da matéria e energia à curvatura da geometria. Dessa interação segue que os fenômenos descritos pela lei física passam a depender do tempo global.

Esse efeito não é observado na Terra devido ao fato de o campo gravitacional em nossa vizinhança ser fraco. Somente quando a curvatura do espaço-tempo é suficientemente alta, o efeito da curvatura sobre os fenômenos físicos de qualquer espécie pode ser observado.

A interpretação usual da Teoria de Newton dá uma boa descrição da força gravitacional em nossa vizinhança terrestre, posto que os efeitos locais da curvatura podem ser desprezados, por serem extremamente reduzidos a ponto de não afetarem as observações. Essa particular situação foi extrapolada para além da Terra. Como consequência, admitiu-se a rigidez das leis físicas no Universo.

Capítulo 1

Tempo único: dos filósofos gregos a Newton

A ambição dos pensadores de diversas áreas é,
e sempre foi, estender nosso tempo ao Universo.

Mario Novello

A Física clássica — entende-se por essa expressão a Física não relativista —, até o início do século XX, aceitava sem uma crítica efetiva a existência de um tempo único e global. Embora localmente o movimento dos astros parecesse indicar que a situação típica não era a quietude, o pano de fundo espacial — chamado simplificadamente de Universo — se caracterizaria pelo imobilismo. A ausência de uma conexão entre a matéria e o espaço dava sustentação formal a essa proposta: o Universo não se move!

Assim, nada diferente haveria entre meu repouso e a quietude do Cosmos. Nessa orientação podemos incluir Parmênides, Platão, Newton e um último fervoroso adepto do imobilismo cósmico: Albert Einstein.

A partir da segunda década do século XX — graças à formulação da existência de uma íntima conexão entre o espaço e a matéria na Teoria da Relatividade Geral — começou a ganhar força uma mudança profunda na visão científica do Universo, tornando-o uma estrutura dinâmica.

Nessa direção podemos mencionar, ao longo dos séculos, Heráclito, Riemann, Friedmann e Gödel, só para citar uns poucos, que sustentavam a introdução do tempo cósmico nas leis físicas. E no decorrer desta obra, iremos analisar essas duas orientações.

CAPÍTULO 2

Einstein e o tempo
dos observadores inerciais

Cenário geral

Consideremos um trem que se movimenta em relação à plataforma externa com velocidade V. Um viajante que caminha dentro do trem a uma velocidade v possui, para um observador do lado de fora do trem, uma velocidade v + V. Isso é compreensível para todos nós. No começo do século XX, a descoberta de que a luz tem a mesma velocidade para qualquer observador criou uma dificuldade para os físicos, pois esse resultado implicava que a composição de velocidades (da luz + do observador) determinada pela Física newtoniana não poderia ser aplicada.

Esse impedimento levou a uma revisão do modo como devemos adicionar velocidades e resultou na necessidade de uma profunda alteração na estrutura geométrica do mundo.

O primeiro passo foi dado ao considerar o mundo como uma entidade quadridimensional, ou seja, colocar o tempo no mesmo *status* que o espaço.

No entanto, havia uma diferença importante entre o tempo e o espaço, e isso resultou na necessidade de abandonar a Geometria Euclidiana do espaço tridimensional e adotar uma outra geometria no espaço-tempo quadridimensional. Essa mudança deveria ter como principal consequência tornar compreensível a característica

Mario Novello

de a velocidade da luz ser a mesma para todos os observadores, independentemente de seus estados de movimento.

Em vez de representar um fenômeno qualquer através de uma posição espacial (caracterizada por três números reais) e um tempo separados, no espaço-tempo, um evento, um acontecimento, requer a caracterização única de quatro números reais e é representado por um ponto no espaço-tempo de quatro dimensões.

Na tradicional Geometria Euclidiana — usada para descrever localização espacial a partir de três dimensões —, a distância entre dois pontos é sempre positiva, e só é nula se os dois pontos coincidem. Nada semelhante no espaço-tempo. Por construção formal, a luz caminha sobre linhas de distância nula, ou seja, a distância entre dois pontos no espaço-tempo pode ser nula, sem que os pontos coincidam. Mais adiante, quando examinarmos a forma como Einstein descreveu a gravitação, veremos como o espaço e o tempo adquirem uma geometria dinâmica, uma estrutura formal verdadeiramente única.

A descrição dessa limitação nas velocidades de qualquer corpo material foi formalizada na Teoria da Relatividade Especial através da passagem da Geometria Euclidiana para uma outra forma de geometria, que se chamou Geometria de Minkowski, uma homenagem ao cientista que conseguiu elaborar uma estrutura unificada para tornar compreensíveis as novas experiências com a propagação da luz. Como em toda forma de conhecimento científico, essa compreensão não foi obra única de uma pessoa, mas envolveu vários cientistas, como Hermann Minkowski, Henri Poincaré, Hendrik Lorentz, culminando com a síntese feita na Teoria da Relatividade Especial por Albert Einstein.

As múltiplas versões do tempo | Einstein e o tempo dos observadores inerciais

A Relatividade Especial e os observadores inerciais

A Relatividade Especial privilegia uma classe de observadores, os inerciais. Um observador inercial é um observador livre, sem nenhuma força atuando sobre ele[3]. Cada observador tem um "seu" tempo próprio que difere dos demais que possam estar em movimento não acelerado. Estabelece-se então uma regra de como obter o tempo de um observador inercial em relação ao tempo de um outro observador inercial. Examinando essa regra, entende-se perfeitamente bem essa inusitada proliferação de tempos em relação ao nosso tempo convencional.

Os tempos medidos por diferentes observadores inerciais só são efetivamente distintos para observadores que possuem velocidade extremamente elevada, comparável com a velocidade extrema da luz, que é de 300 mil quilômetros por segundo.

Um dos fundamentos da Relatividade Especial determina que as leis da Física são as mesmas para observadores inerciais.

Isso significa que, ao caracterizarmos um evento por coordenadas (t, x, y, z) para um dado observador inercial, um outro observador inercial associa ao mesmo evento coordenadas (t', x', y', z'), de tal modo que a passagem de um conjunto de coordenadas para outro se dá através de uma regra rígida que mantém as leis da Física iguais para ambos os observadores.

Essa regra chama-se transformação de Lorentz. A principal propriedade dessa transformação é sua linearidade. Isso significa que a passagem de um sistema inercial para outro obedece a lei de

---

[3] Exceto, talvez, a gravitação, pois, como veremos, ela não exerce nenhuma força sobre um corpo, mas altera a geometria subjacente.

composição. Ou seja, o efeito de duas sucessivas transformações de Lorentz é equivalente a uma transformação de Lorentz.

Somente para tornar mais evidente o fato de que essas variações temporais só afetam observadores em grande velocidade, é suficiente considerar que essa distinção depende do fator entre a velocidade do observador e a velocidade da luz. Ou seja, para velocidades convencionais em nosso cotidiano, esse fator é incrivelmente pequeno. É por isso que podemos falar de um tempo comum e único em nossa experiência cotidiana, onde a Física newtoniana se aplica perfeitamente bem.

Com efeito, a fórmula que relaciona o tempo em dois sistemas de coordenadas depende do fator $1 - v/c$, onde c representa a velocidade universal da luz.

Figura 1 | Por convenção, a velocidade da luz é feita 1 nesse gráfico, ou seja, a luz se propaga na diagonal.

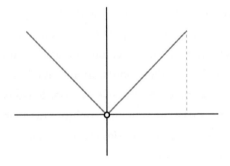

Como o valor dessa velocidade é fantasticamente grande (300.000 km/s), o fator v/c é extremamente pequeno para velocidades que podemos conseguir normalmente em laboratórios e em nossa vizinhança terrestre. É por isso que essas variações temporais não são percebidas por nós: nunca conseguimos atingir velocidade tão alta capaz de fazer com que o fator v/c seja da ordem da unidade: ele é sempre extremamente pequeno e, assim, negligenciável.

Intermezzo técnico (mas não muito)

Vamos fazer uma breve incursão formal e explicitar algumas expressões matemáticas da métrica de Minkowski para compará-la com a conhecida métrica euclidiana.

Chamemos de (X, Y, Z) um ponto no espaço tridimensional e um outro ponto muito próximo deste de coordenadas X + dX, Y + dY, Z + dZ.

A distância entre os dois pontos do espaço tridimensional na Geometria Euclidiana é dada pela expressão:

$$dl^2 = dX^2 + dY^2 + dZ^2$$

Vemos assim que a distância euclidiana é sempre definida positivamente.

Chamemos de (cT, X, Y, Z) as coordenadas do tempo (T) e do triespaço (X, Y, Z) de um ponto no espaço-tempo de quatro dimensões, que indicaremos pela letra A; e um outro ponto muito próximo deste de coordenadas cT + cdT, X + dX, Y + dY, Z + dZ, que chamaremos de ponto B.

Note que multiplicamos a coordenada tempo T pela constante c, que identificamos como sendo a velocidade constante da luz. Isso porque devemos somar somente quantidades que possuem a mesma dimensionalidade. Não podemos somar um comprimento como dX com um tempo como dT. Por isso multiplicamos o tempo por c para obtermos um comprimento, pois a velocidade é dada como comprimento dividido por um tempo.

Introduzindo o tempo, define-se a distância na geometria espaço-tempo de Minkowski como:

$$ds^2 = c^2 dT^2 - dX^2 - dY^2 - dZ^2$$

Vemos que, neste caso, a distância entre dois eventos (cT, X, Y, Z) e seu vizinho $(cT + cdT, X + dX, Y + dY, Z + dZ)$ não é sempre positiva. Como a letra c simboliza a velocidade da luz, vemos que a distância entre dois pontos no espaço-tempo no caminho da luz é dada por $ds = 0$. Ou seja, a luz caminha sobre curvas nulas no espaço-tempo.

Na Figura 2, o eixo horizontal representa o espaço; o eixo vertical representa o tempo.

A massa dos corpos

O senso comum acredita que o valor da massa é universal, independentemente do observador. No entanto, esse não é o caso. De acordo com a Relatividade Especial, a massa varia com a velocidade do observador. Ao nos referirmos à massa de um corpo, estamos implicitamente aceitando que o corpo está em repouso. Essa é a massa inercial de um corpo.

A Física clássica considerava a massa como um dado da experiência, uma característica de cada corpo sem que ela estivesse determinada por algum processo mais íntimo da matéria. Nas últimas décadas, os físicos de partículas elementares consideraram a necessidade de associar a origem da massa a um processo de interação. Foi então fabricado um modelo formal no qual existiria uma partícula (associada a um campo escalar, isto é, caracterizado por uma só função) que teria essa atribuição: dar massa a todos os corpos. Embora vários autores tenham proposto esse modelo, ele

As múltiplas versões do tempo | Einstein e o tempo dos observadores inerciais

ficou conhecido com o nome de um desses cientistas, o físico Peter Higgs. Como sempre, essa escolha de atribuição da primazia da teoria foi estabelecida pelo *establishment*, por regras suas, internas, nem sempre muito claras.

Na última década, uma antiga ideia centenária de Ernst Mach veio contestar essa atribuição de um campo escalar gerar a massa dos corpos.

Segundo Mach, a inércia (massa) de um corpo é consequência da inércia de todos os corpos no Universo.

Em linguagem moderna, a massa deve ser consequência da universalidade da interação gravitacional.

Esse mecanismo gravitacional não tem a dificuldade de princípio que o mecanismo de Higgs possui; a saber, para que o mecanismo de Higgs funcione é necessário que o campo escalar de Higgs tenha ele mesmo massa. Mas aparece então a dificuldade: quem dá massa àquele que (supostamente) dá massa?

No mecanismo de Mach esse problema não existe, pois o campo gravitacional — se quantizado — possui uma partícula (o gráviton) que, à semelhança do fóton, não tem massa.

A situação então é essa: os físicos de partícula acreditam que a massa provém da interação da partícula de Higgs com os corpos. Os cosmólogos e os físicos da gravitação acreditam que Mach está com a razão.

Muito possivelmente, esses dois campos continuarão em desacordo, pois a origem da massa não afeta as leis da Física terrestre, mas sim produz, na proposta de Mach, uma visão da solidariedade cósmica.

Causalidade local

A Teoria da Relatividade Especial alterou a ideia newtoniana de um tempo único absoluto e, em seu lugar, concedeu a cada observador (a cada corpo) um "seu" tempo próprio. Isso foi consequência da existência de uma velocidade máxima absoluta (da luz). Considerando a velocidade da luz:

$$c = \frac{\Delta x}{\Delta t} = 1$$

o caminho da luz (no gráfico da Figura 2) é dado pela reta de inclinação 45°.

Um gráfico bem simples mostra que todo e qualquer corpo se movimenta com velocidade inferior à da luz. Considerando não somente o plano (t,x) podemos representar os caminhos da luz por um cone. A luz se propaga sobre a superfície do cone.

Figura 2 | Cone de luz.

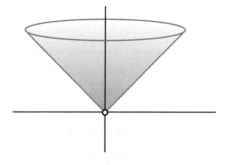

Uma novidade importante que aparece ao estabelecer essa descrição espaçotemporal é que a distância entre dois eventos não obedece mais à regra euclidiana tridimensional de ser sempre positiva, como antecipamos. Isso se deve ao fato de que o tempo aparece (por convenção) atribuindo um valor negativo à sua medida.

Em verdade, a fórmula que determina a soma dos quadrados de uma distância espacial na Geometria de Euclides dada, como vimos, por:

$$\Delta s^2 = \Delta x^2 + \Delta y^2 + \Delta z^2$$

é substituída por uma outra na qual o tempo entra com sinal oposto a essas quantidades espaciais:

$$\Delta s^2 = c^2 \Delta t^2 - \Delta x^2 - \Delta y^2 - \Delta z^2$$

A causalidade local é definida, então, com a afirmação de que corpos reais só podem viajar no interior do cone de luz em cada ponto do espaço-tempo.

Figura 3 | Representação no espaço-tempo: todo corpo material caminha no interior do cone de luz.

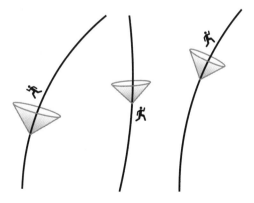

Capítulo 3
O tempo alterado pela gravitação

Gravitação como modificação da geometria do espaço-tempo

Riemann em sua tese *On the hypothesis which lie at the foundations of geometry* [Sobre as hipóteses que estão na base da geometria] argumenta de modo impositivo que a escolha entre as diversas geometrias que os matemáticos inventaram, aquela que controla nosso mundo, só pode ser obtida através da observação. Segundo ele, é a matéria, em suas diferentes formas, que impõe a estrutura da geometria real.

Uma tal argumentação foi explorada na Teoria da Relatividade Geral, mais de cinquenta anos depois, por Albert Einstein.

A ideia original de Einstein consistia em responder à seguinte questão: se a gravitação é universal, e se considerarmos que a massa inercial (aquilo ao qual se refere o corpo que sofre uma força) e a massa gravitacional (aquilo que produz a força gravitacional) são idênticas, então não seria possível eliminar a aceleração induzida sobre um corpo qualquer por um campo gravitacional através de uma modificação universal da geometria no espaço-tempo no qual ele se movimenta?

Einstein concebe a Teoria da Relatividade Geral e responde afirmativamente a essa questão.

Em verdade, a necessidade de modificar a teoria newtoniana da gravitação decorreu da incompatibilidade das propriedades da gravitação aceitas por Newton, com o sucesso da Relatividade Especial, a partir da certeza de que nenhum corpo material pode atingir a velocidade máxima da luz. Ora, na teoria newtoniana a força gravitacional de um corpo sobre outro é instantânea. No modo moderno de comentar essa propriedade, diria-se que a propagação da ação gravitacional não leva nenhum tempo finito, simbolizando a possibilidade de violação da hipótese central da Relatividade Especial — a de que não é possível haver velocidade maior do que a da luz.

Assim, foi natural que os cientistas da época começassem a tentar compatibilizar as características da gravitação com os preceitos formais da Relatividade Especial.

Whitehead, Nordstön, Einstein e outros iniciaram essa investigação pelo caminho natural de generalizar o campo gravitacional newtoniano e sua fórmula de ação — dependente somente das variáveis espaciais —, introduzindo, nessa função, a dependência temporal.

Em um primeiro momento, considerou-se a possibilidade mais simples, na qual a geometria gerada pela gravitação deveria ser proporcional à geometria do espaço-tempo vazio, a Geometria de Minkowski. No entanto, logo se deram conta de que aceitar essa forma de geometria — dita conforme — inviabilizaria a interação gravitacional com a luz. Isso porque a dinâmica que controla o campo eletromagnético é invariante por essa alteração da Geometria de Minkowski para a geometria conforme.

Einstein então, seguindo a proposta de Riemann, sugere que a gravitação deve ser associada à geometria riemanniana sob qualquer forma. Ato seguinte, impõe uma dinâmica para a métrica, argumentando que toda e qualquer forma de matéria e energia pode gerar

As múltiplas versões do tempo | O tempo alterado pela gravitação

gravitação. Isso inclui o próprio campo gravitacional. Ou seja, em sua fórmula original:

gravitação gera gravitação!

A interação eletromagnética

O eletromagnetismo é outra interação de longo alcance. Além desses dois campos que se estendem por todo o espaço-tempo, existem duas outras interações de curto alcance. São as forças nucleares. A força fraca ou de Fermi é responsável pela desintegração da matéria. A força nuclear forte é responsável pela estabilidade da matéria.

Um corpo carregado pode atrair ou repelir um outro corpo carregado. Essa interação eletromagnética só existe entre corpos que possuem essa característica especial, a carga elétrica. Uma partícula neutra, isto é, sem carga elétrica, pode passar inalterada em uma região onde existe um campo eletromagnético.

É precisamente a ausência de universalidade dessa interação que impede que ela seja associada à geometria do espaço-tempo. No entanto, vários cientistas (como o próprio Einstein) tentaram diversos modos de realizar essa geometrização estendida ao eletromagnetismo. Einstein levou mais de uma década, propondo, ao final de sua vida, um desses modos, sem sucesso.

Os caminhos da luz

A Relatividade Especial nos legou o modo preciso de definir causalidade local: todo corpo material deve caminhar sobre curvas que estão limitadas pelo cone de luz. Dito de outro modo, nenhum corpo pode se movimentar com velocidade igual ou superior à da luz.

Na formulação da Teoria da Relatividade Geral, a noção de tempo adquire uma extensão maior do que vimos na Relatividade Especial. Nesta, existem observadores especiais, os inerciais. Nada semelhante na Relatividade Geral. Nessa teoria, cada observador possui seu tempo próprio (como na Relatividade Especial), mas esse tempo não pode ser unificado.

Por que não pode? Porque os relógios (que medem o tempo) assim como as réguas (que medem as distâncias espaciais) são afetados pelo campo gravitacional. Ou seja, a duração, a sensação temporal de cada observador depende de sua posição no campo gravitacional.

Devido à universalidade dos processos gravitacionais, a luz é desviada em um campo gravitacional. Isso significa que, para não violar o preceito de que não existe a possibilidade de um corpo material viajar com velocidade igual ou maior do que a luz, esses caminhos dos corpos em um campo gravitacional se submetem à distorção dos cones de luz, mantendo-se sempre em seu interior. Essa situação vai permitir a possibilidade de haver caminhos que levam ao passado, como veremos mais adiante, no capítulo 7 com Gödel.

Capítulo 4

Gauss e o tempo absoluto

Como definir um tempo absoluto?

Na tese citada no capítulo anterior, Riemann discute longamente as origens da estrutura do espaço, sua geometria. Como uma importante consequência dessa análise, expõe de modo simples e completo a primeira descrição formal do conceito de tempo absoluto. É a partir de sua interpretação da geometria do espaço que ele vai construir o que hoje chamamos superfície gaussiana e, a partir dela, o conceito bem definido de tempo absoluto.

Como aprendemos na Relatividade Especial, o tempo, medido por um instrumento conduzido por um observador, depende do estado de movimento desse observador. Einstein vai um passo além — em sua Teoria da Relatividade Geral — e sugere que esse tempo depende também da intensidade do campo gravitacional e é solidário com ele.

Inesperado? Fantasioso? Utópico? Certamente, mas uma ideia extremamente original e com maravilhosas consequências, como veremos no próximo capítulo.

Os axiomas da geometria

Riemann começa sua análise com uma crítica tanto aos matemáticos quanto aos filósofos, por aceitarem, sem um exame cuidadoso, a base axiomática da geometria euclidiana de modo tão absoluto, inviabilizando a possibilidade de que outros fundamentos pudessem ser estruturados.

Segundo ele, desde Euclides até os modernos, nenhuma análise formal — seja ela de base matemática ou filosófica, capaz de ir além da aceitação automática dos axiomas que sustentam a geometria — havia sido construída, de modo a permitir ir além da tradição.

Do ponto de vista formal, Riemann propõe pensar estruturas que não se limitam a três dimensões — o que chamamos espaço — e inicia uma fase de investigação, estendendo o número de dimensões de que uma geometria poderia tratar. Dessa forma, antecipa mais de cem anos o simbolismo formal utilizado pelos físicos de hoje, que tratam das propriedades das partículas elementares e dos campos quânticos a elas associados.

Em um primeiro momento, tratava-se somente de um exercício de abstração, típico de um movimento de exploração matemático. Em vez de utilizar três números reais para caracterizar um ponto no espaço tridimensional, podemos considerar um número arbitrário N maior do que três e imaginar uma estrutura — que ficou conhecida, desde então, pelo nome de "variedade n-dimensional" — representada pelo símbolo V(N).

Embora esse nível de abstração parecesse não encontrar nenhum exemplo na nossa realidade, Riemann demonstra um sentido extraordinariamente prático, colocando a questão no nível do formalismo e retirando hipóteses aprioristicas sobre a geometria do nosso espaço, ao afirmar que a geometria do mundo deveria ser revelada pela experimentação.

Ou seja, essa nova construção não deveria ser identificada com o espaço tridimensional, mas sim utilizada como um poderoso instrumento matemático para descrever processos complexos que, à época, limitavam-se a investimentos somente no território idealizado da matemática. No entanto, essa especulação resultou ser um instrumento extremamente útil para vários processos físicos, não somente no nível microscópico, mas até mesmo em teorias unificadoras em diversos setores da física.

Ao descrevermos qualquer evento que depende de várias variáveis, maiores que três, essa ideia de variedade V(N) se aplica. Fazemos isso em nosso cotidiano, sem sequer notarmos que estamos utilizando o formalismo riemanniano de modo subjacente.

Superfície tridimensional

Um ponto, representando um acontecimento no espaço-tempo, é representado por quatro números reais, suas coordenadas (t, x, y, z). Uma transformação de coordenadas permite passar dessa representação para outra, caracterizada por outros números (t', x', y', z').

A representação do espaço-tempo que se assemelha ao conceito newtoniano consiste na separação do espaço tridimensional e um tempo. Essa representação é feita por um observador que elege seu tempo próprio como "o tempo".

Restringindo duas coordenadas espaciais, é possível fazer uma representação gráfica bidimensional com eixos horizontal e vertical. O eixo horizontal (vamos chamar de Sigma ou simplesmente S) representa o espaço (que aqui aparece como unidimensional, as duas outras dimensões ficam escondidas); e o eixo vertical (vamos chamar de T) representa o tempo.

Figura 4 | Representação gaussiana do espaço-tempo. A superfície tridimensional Σ representa o espaço; as curvas perpendiculares são os caminhos de corpos (observadores) que definem o tempo global.

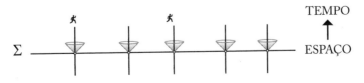

Um observador que se movimenta em um caminho livre de qualquer força (chamamos de curva geodésica) perpendicular ao eixo horizontal tem, então, uma representação do mundo conforme a proposta clássica (que estamos chamando de "newtoniana"), isto é, com uma nítida separação entre o tempo e o espaço.

A questão que aparece então é: existe sempre essa possibilidade de instituir uma tal "representação newtoniana" no mundo?

Para respondermos a essa questão temos que entender como a gravitação — a força que institui a geometria do mundo, na Relatividade Geral — influencia os corpos, determinando os caminhos (geodésicas) por onde qualquer corpo deve seguir.

Gauss mostrou que essa separação newtoniana é sempre possível, pelo menos em uma região compacta do espaço-tempo. Se ela pode ou não ser estendida a todo o espaço-tempo, é uma análise que faremos mais adiante, mas podemos adiantar que ela depende de propriedades globais do espaço-tempo, o que chamamos Topologia.

A imaginação dos matemáticos é maravilhosa e parece não ter fim. Com efeito, uma alteração profunda da estrutura da Geometria de Riemann foi feita no começo do século XX pelo matemático alemão Hermann Weyl. Essa alteração vai implicar uma nova configuração temporal, associada a essa nova geometria, chamada Geometria de Weyl.

CAPÍTULO 5

Friedmann e o tempo finito em seu modelo cosmológico

Uma teoria da gravitação funda uma nova cosmologia. Logo depois que Einstein transformou a gravitação newtoniana em uma alteração da geometria do espaço-tempo, ele foi levado a aplicar sua nova visão da interação gravitacional que domina o cenário cósmico na construção de uma cosmologia, um modelo de Universo.

Como não havia nenhuma observação de caráter global a guiá-lo nessa tarefa, teve que optar por alguma ideia apriorística sobre como deveria ser a configuração típica do Universo.

Há quem acredite que o estado de repouso, o imobilismo, é mais aceitável do que o movimento, que possui inúmeras possibilidades. O estado de quietude é único. O estado em movimento é múltiplo. O argumento que serve de apoio a essa crença considera que, ao atingir esse estado especial — o imobilismo —, ter-se-ia completado uma ação, um processo, que o teria levado à condição estática. O estado inerte seria então o modo mais natural de realizar o fim de um périplo.

Einstein empregou essa imagem de quietude para servir de guia em sua exploração de uma cosmologia. No entanto, logo em seguida foi compreendido que esse cenário proposto por ele não poderia representar nosso Universo. A quietude não é estável. Tudo está em constante mutação. Isso ocorre nos fenômenos terrestres, nas relações humanas, na sociedade e, de modo semelhante, no Cosmos. Mesmo o vazio (quântico) é instável. Por isso a afirmação de que o Universo estava condenado a existir. O vazio não permanece como tal[4].

Em 1922, cinco anos depois de Einstein ter publicado seu modelo cosmológico, aparece o modelo de um Universo dinâmico de Friedmann.

O Universo de Einstein representa o Universo como uma configuração estática, ou seja, independente do tempo. Uma grave propriedade desse modelo era a sua alta instabilidade.

Friedmann estabelece uma representação do espaço-tempo usando a separação 3 + 1 de Gauss e institui uma geometria dinâmica.

Seu modelo assume a hipótese de que o espaço tridimensional é homogêneo — isto é, todas as propriedades dessa geometria são as mesmas em qualquer lugar do espaço —, mas seu volume global varia com o tempo cósmico.

Esse modelo possui uma singularidade — onde todas as quantidades físicas assumiriam o impossível valor infinito —, que foi identificada como "começo do mundo". Ou seja, o tempo de existência do Universo, na proposta de Friedmann, seria finito. A observação da expansão através da medida de propriedades da luz permitiu estimar o momento de extrema condensação — a singularidade neste modelo — como sendo há uns pouco bilhões de anos.

---

[4] Saber se o mundo é contingente é uma questão metafísica que a Cosmologia pretendeu assumir. A partir da instabilidade do vazio concluiu-se que o Universo estava condenado a existir. Ou seja, não é contingente. O vazio quântico (que estaria na origem da formação do mundo) não é o nada metafísico e, certamente não poderia ser, pois não se trata de uma proposição, mas de um processo físico. Só podemos entender essa situação (origem do mundo pela instabilidade do vazio quântico), se aceitarmos que estamos considerando o fenômeno da criação como um processo físico.

Contrariamente ao horror que os físicos possuem de quantidades infinitas (pois inobserváveis), esse modelo passou quase todo o século XX como padrão da Cosmologia contemporânea. A consolidação dessa posição foi consequência da descoberta, uma década depois, da expansão do Universo. Ou seja, o volume total do espaço aumenta com o passar do tempo. A história da evolução desse modelo está descrita nos textos citados nas referências e, em particular, em meu livro *Os construtores do Cosmos*.

Sistema de coordenadas global

Usando a hipótese cosmológica do tempo cósmico global, teríamos a seguinte configuração no espaço-tempo (onde o espaço está reduzido a uma dimensão, por razões gráficas).

Figura 5 | Representação gaussiana do espaço-tempo, utilizada nos modelos cosmológicos do tipo Friedmann.

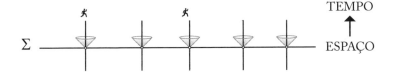

No modelo de Friedmann, no tempo inicial ($t = 0$) o volume se reduz a um ponto. Nesse instante todas as quantidades físicas assumiriam o impossível valor "infinito".

Comentário (um pouco técnico)

Talvez o leitor gostaria de ver explicitada algumas expressões matemáticas dessas métricas que temos comentado até aqui. Assim, na geometria cosmológica, a distância entre dois eventos (pontos em V(4)) é dada por:

$$ds^2 = dT^2 - A^2(dX^2 + dY^2 + dZ^2)$$

onde A é uma função do tempo gaussiano T. Costuma-se adotar o valor da velocidade da luz igual a 1, nessas fórmulas. Esse é um caso particular usado pelos físicos a partir da definição matemática geral, na qual a distância em uma geometria genérica de Riemann, assume a forma:

$$ds^2 = M^2 dT^2 - A^2 dX^2 - B^2 dY^2 - S^2 dZ^2$$

onde M, A, B, S podem ser funções das quatro coordenadas.

Os coeficientes que multiplicam os elementos infinitesimais de tempo (dt) e de distâncias (dx, dy e dz) constituem a métrica do espaço-tempo.

Capítulo 6

O tempo infinito no Universo eterno

A impossibilidade de aceitar a presença de uma origem singular na proposta cosmológica de Friedmann levou alguns cientistas a examinarem modelos cosmológicos semelhantes ao de Friedmann — com as mesmas simetrias que Friedmann havia imposto —, mas sem a dificuldade de uma "origem" singular. Assim, em vez de aceitar a existência (para sempre inobservável) de um "começo do Universo" a um tempo finito, esses cenários cosmológicos teriam um tempo de existência infinito. Como seria isso possível?

Universo com *bounce*

O primeiro passo seria abandonar a versão simplista do cenário cosmológico que, desde Friedmann, identifica toda a matéria existente no Universo como um fluido perfeito, construída com uma densidade de energia E e uma pressão P, em geral relacionadas por uma fórmula linear do tipo P = sE, onde s é uma constante.

É compreensível que Friedmann tenha usado essa simplificação de representação da totalidade da matéria no Universo, pois ele tateava no escuro, sem nenhuma observação de natureza global do Universo a poder orientá-lo.

Hoje, no entanto, um século depois, com o enorme desenvolvimento das observações do espaço, essa simplificação é desnecessária, e se torna natural investigar uma descrição mais complexa e mais realista da matéria no Universo.

No modelo típico, o Universo teria tido uma fase anterior de colapso gravitacional, no qual o volume total do espaço diminuiu com o passar do tempo. Ele continuaria a colapsar desde o infinito passado até o volume atingir um valor mínimo, distinto de zero, e em seguida iniciada a atual fase de expansão. O que teria produzido esse colapso primordial? É o que vamos comentar mais adiante.

Figura 6 | Variação do volume global do espaço com o tempo.

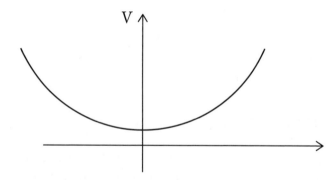

Se as leis físicas fossem absolutas e eternas, a noção de começo (singular) do mundo pareceria natural, como descrita no modelo cosmológico de Friedmann. No entanto, a dependência cósmica das leis físicas transforma radicalmente essa questão.

Com efeito, os dois primeiros modelos cosmológicos exibindo *bounce* envolveram interação da matéria com o campo gravitacional de modo distinto do simplificado modelo de Friedmann. No caso proposto pelos brasileiros Novello e Salim, tratava-se de um tipo especial de interação da luz com a gravitação; no caso dos russos Melnikov e Orlov, tratava-se de um campo escalar em interação

As múltiplas versões do tempo | O tempo infinito no Universo eterno

pouco usual com a geometria do espaço-tempo. (Por ser muito técnico, não farei maiores comentários sobre esses dois modelos. O leitor interessado poderá consultar a bibliografia.) Notemos que nestes modelos com *bounce*, o estado final possui a mesma configuração que o estado inicial. Isso significa que a possibilidade de existir ciclos de expansão e colapso seria naturalmente descrito por esses modelos. Nas próximas décadas, muito provavelmente, com o enorme avanço das observações do Universo, poderemos saber se esses ciclos são reais ou apenas possibilidades formais da teoria.

CAPÍTULO 7

O tempo cíclico

Causalidade local

No espaço-tempo riemanniano de quatro dimensões — V (4) —, uma medida do tempo envolve, inevitavelmente, o conhecimento de propriedades da geometria subjacente e, em especial, da sua métrica. Assim, por exemplo, uma distância temporal se determina pelo produto da coordenada temporal (*dt*) multiplicada por um determinado fator da métrica.

Isso significa que a gravitação (responsável pela caracterização da geometria do espaço-tempo) não atua na quantidade *dt*, mas sim no termo que lhe está associado pela geometria — a sua métrica — e que fixa a distância temporal.

Na Teoria da Gravitação da Relatividade Geral, essa métrica é determinada pelo conteúdo energético e material existente. Isso significa que a noção de distância temporal medida por um observador M depende de quantidades materiais que podem não estar diretamente envolvidas com a trajetória de M. Ou seja, há um efeito sobre o corpo devido à distribuição de matéria de outros corpos que estão gerando a gravitação. Consequentemente, estão determinando os caminhos possíveis para esse corpo.

Do ponto de vista local, todo corpo deve se movimentar no interior de um cone quadridimensional, determinado pela luz. Isso porque a observação mostrou que nenhum corpo material pode viajar com velocidade igual ou superior à da luz.

Essa propriedade determina assim que todo corpo, na ausência de um campo gravitacional, caminha inexoravelmente para seu futuro. E na presença de um campo gravitacional?

Gödel

Enquanto os físicos relativistas examinavam as propriedades dos corpos materiais em torno de objetos compactos, como estrelas, e os poucos interessados em aspectos globais procuravam aperfeiçoar a geometria descoberta por Friedmann e suas consequências observacionais, um matemático famoso — Kurt Gödel — olhava para o Universo e identificava nele um processo intenso de rotação, para além das estrelas.

Em verdade, pura especulação, envolvendo situações não triviais associadas ao campo gravitacional como descrito na Relatividade Geral. E, no entanto, em 1949, Gödel encontra uma solução das equações da Relatividade Geral que ficou caracterizada como um exemplo típico do que chamamos "volta ao passado".

Na solução da geometria, satisfazendo as equações da Relatividade Geral obtida por Gödel, existem caminhos os quais um caminhante passa duas vezes pelo mesmo ponto no espaço-tempo, ou seja, realiza a experiência de volta ao passado. Essa curva ficou conhecida com o símbolo CTC, que são as iniciais do termo em inglês *closed timelike curve* (curva do tipo-tempo fechada).

Curiosamente, em seu livro sobre o tempo (1988), o físico Stephen Hawking não faz nenhuma menção à solução de Gödel. Quase uma década depois, Hawking dialoga com o matemático Roger Penrose (1996) sobre questões de Cosmologia e sobre a natureza do tempo, em particular em relação às propriedades dos buracos negros. Uma vez mais, o trabalho de Gödel em Cosmologia é completamente ignorado, por ambos.

No entanto, em 1992, Hawking propõe o que chamou de "proteção cronológica", através de uma conjectura puramente hipotética — sem ter nenhum apoio nas leis da Física —, cuja única função é sugerir uma proibição à Natureza: impedir a presença, em nosso Universo, de curvas do tipo-tempo (onde observadores reais poderiam percorrer) que fossem fechadas. A principal razão explicitada para essa conjectura se devia à inexistência de observação que violasse a causalidade, local ou global.

Esse modo de fazer Física pode conduzir a situações indesejáveis que podem atrapalhar o desenvolvimento da Ciência. Assim, por exemplo, nunca teríamos entendido os processos de interação fraca, como o decaimento da partícula nêutron. Pois essa desintegração exige a presença de uma partícula que, embora os físicos teóricos requeressem e aceitassem sua existência — para não violar leis mais fortes, como a conservação de energia —, durante muitos anos não foi observada. No entanto, poucos físicos negavam sua existência. Finalmente, mais de uma década depois da hipótese de sua existência, foi finalmente observada. Vários outros exemplos dessa ordem podem ser citados.

Figura 7 | CTC na métrica de Gödel.

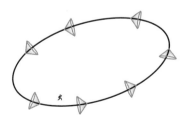

O caso considerado por Gödel atribuía ao corpo que caminhasse em uma curva CTC uma aceleração devido a uma força que se oporia à ação da gravitação. Ou seja, essa curva não pode ser uma geodésica na Geometria de Gödel.

No começo do século XXI, novas soluções das equações da Relatividade Geral, mais amplas, começaram a aparecer. A novidade maior é que algumas das geometrias que resultavam dessas soluções não eram estáticas, como a métrica de Gödel. Isso abriu caminho para novas análises, inclusive permitindo que curvas CTC pudessem ser geodésicas nessas geometrias. Ou seja, não requerem nenhuma força externa para que um caminhante possa seguir um desses caminhos: somente a gravitação seria suficiente.

Entretanto, devido à universalidade da gravitação, não temos condição de produzir uma dessas geometrias em laboratório para testar suas consequências.

Em síntese, podemos afirmar que Gödel mostrou que existe uma classe de campos gravitacionais, satisfazendo as equações da Relatividade Geral, no qual a causalidade local não implica a causalidade global, como explicitada em uma figura onde um observador caminha em uma curva CTC.

Com efeito, se a curva G do tipo-tempo é fechada, então:

- localmente, o observador que caminha sobre ela afirma a validade causal, isto é, ele sempre caminha para seu futuro local;
- globalmente, ela se fecha sobre si mesma, ou seja, passa duas vezes pelo mesmo ponto no espaço-tempo, violando a causalidade global.

Imitação de curvas ao passado

A gravitação é uma força universal, ou seja, tudo que existe sente a interação gravitacional, seja matéria sob qualquer forma, seja energia em radiação. A outra força de longo alcance conhecida, o eletromagnetismo, não tem essa característica. Para interagir com um campo eletromagnético, um corpo deve ter uma propriedade especial, chamada carga elétrica.

Essa foi uma das maiores dificuldades enfrentada por Einstein e outros que, na primeira metade do século XX, procuraram um modo de representar a ação eletromagnética como associada à geometria do espaço-tempo, uma imitação do que a Relatividade Geral havia feito com a gravitação.

Esse impedimento se tornou, no início deste século XXI, uma das grandes ferramentas frutíferas para entender algumas propriedades da Relatividade Geral.

Como foi isso possível?

A ideia principal consiste em analisar campos eletromagnéticos em autointeração ou em um meio especial. Ao examinar a propagação das ondas eletromagnéticas nessas situações, mostra-se que essas ondas se propagam em uma geometria especial, que depende somente do campo eletromagnético. Trata-se de imitação de um processo gravitacional por um campo eletromagnético. Ou seja, podemos considerar que estamos em presença de um fenômeno caracterizado pela afirmação gravitação sem gravitação.

Devido a não universalidade do campo eletromagnético, é possível fabricar em laboratório tipos arbitrários de campos, de tal modo a obter uma forma de geometria que desejarmos.

Em particular, podemos produzir geometrias que imitem um campo gravitacional. Com efeito, em 2000 foi possível investigar formalmente uma situação na qual a propagação da luz se dá em uma curva fechada, imitando a situação descrita por Gödel no contexto gravitacional com a matéria, conforme descrito na referência de Novello *et al.* (2001).

Sistema de observadores gaussianos

Para mostrar que também no modelo de Gödel é possível produzir, para uma classe de observadores especiais, um tempo único, que funcionaria para estes observadores como um tempo cósmico, podemos proceder como o matemático Gauss ensinou e produzir de modo prático esse tempo global. Talvez fosse conveniente nos dedicarmos um pouco a essa questão, para que ela e outras que lhe estão associadas fiquem mais bem compreendidas e claras.

Na escolha de um sistema gaussiano de coordenadas, no qual um tempo único e comum é estabelecido, devemos começar por construir a classe de observadores privilegiados que utilizarão esse tempo. Como sobre esses observadores nenhuma força deve ser exercida, pois eles são caracterizados como observadores livres, devemos começar por procurar esse conjunto particular de observadores sem aceleração. Vimos que tal propriedade é típica de curvas geodésicas. Assim, o primeiro passo consiste em conhecer as curvas geodésicas na Geometria de Gödel. Ademais, como queremos que essas curvas sejam caminhos reais, pelas quais observadores reais possam se locomover, elas devem ser do tipo tempo. Realizada essa etapa, escolhida uma classe de observadores especiais, definimos para estes um tempo único, pela sincronização de seus relógios. A partir desta classe construímos uma estrutura espacial, que nada mais é do que

As múltiplas versões do tempo | O tempo cíclico

uma mera imitação do que ocorre na geometria euclideana e como estamos acostumados a fazer na Geometria de Minkowski. Segue então que para cada observador pode ser atribuído um tempo (que será o mesmo para todos os observadores desta classe) e, perpendicularmente a esta curva especial no quadriespaço que caracteriza o movimento desses observadores gaussianos (as geodésicas), associa-se um correspondente espaço tridimensional, que chamamos simplificadamente de "espaço". Dessa forma, um sistema de coordenadas (tempo e espaço), capaz de caracterizar cada acontecimento do mundo, se estabelece.

O próximo passo é crucial, pois se trata de responder à questão: até onde podemos estender, a partir de um dado ponto qualquer P na Geometria de Gödel, um tal sistema gaussiano de coordenadas? Pois é precisamente nesse momento que a Geometria de Gödel se distancia radicalmente das demais conhecidas. Ao tentarmos realizar a extensão desse sistema, uma análise matemática mostra que ele não pode ir além de um determinado ponto, que ele se interrompe em um dado lugar e que, além deste lugar, ele simplesmente torna-se inaceitável como um sistema de coordenadas regular. E qual é esse ponto ou conjunto de pontos, além dos quais esse sistema gaussiano em Gödel não pode se estender? O que ocorre de especial ali e de tal modo que, além desse ponto, se encontra um território para o qual este sistema gaussiano, gerado a partir de P, não é mais aplicável? E o que ocorre com esse sistema para que deixe de ser aplicável?

Muitas questões, que iremos responder agora. O que impede esse sistema de ser estendido além de um raio crítico — que chamaremos de R(P), pois ele depende de cada observador e de cada ponto P onde a caracterização do sistema gaussiano foi estabelecida — é simples de descrever: ele se torna singular, isto é, ele não caracteriza as distâncias entre pontos deste Universo por números reais finitos.

Tudo se passa como se chegássemos, em R(P), a uma fronteira, além da qual o Universo não mais existiria: chegaríamos a uma barreira intransponível, às bordas que delimitariam este Universo. Entretanto, não se trata de um impedimento verdadeiro, real, pois nada mais é do que uma propriedade desta particular classe de descrição do Universo de Gödel. Outras caracterizações, não gaussianas, podem ir além deste ponto crítico R(P). Mas como é isso possível? O que está, afinal de contas, acontecendo naquele ponto? Para melhor e mais facilmente entendermos isso, é conveniente fazermos um pequeno intervalo nesta análise e examinarmos uma situação semelhante — mas bem mais simples — que acontece em uma geometria mais elementar, a Geometria de Minkowski.

Geometria de Minkowski, observadores de Rindler

Uma escolha de sistema de coordenadas, isto é, o modo pelo qual se representam os pontos ou eventos no espaço-tempo quadridimensional, é arbitrária. Em geral, alguns sistemas podem ser estendidos para todo o espaço-tempo, e outros têm seu domínio de aplicação limitado a uma dada região. Esta escolha depende de várias motivações e até mesmo seu alcance pode fazer parte dos critérios desta escolha. Poder-se-ia pensar que a escolha normal fosse aquela em que o sistema de coordenadas pudesse ser estendido sobre toda a variedade. Entretanto, por diferentes razões, às vezes, é mais conveniente usar uma dada representação, mesmo que ela não seja global, isto é, mesmo que ela possua uma fronteira a partir da qual este sistema não seja mais utilizável. Um exemplo bastante esclarecedor desta situação na qual o sistema de representação usado é restrito a uma parte limitada da geometria é o sistema de coordenadas de Rindler.

As múltiplas versões do tempo | O tempo cíclico

A origem desse sistema está no fato — ditado por alguma conveniência local — de que se escolhe para representar o espaço--tempo uma classe particular de observadores privilegiados aos quais um sistema de coordenadas está associado, uma classe especial de observadores não inerciais. Isto é, seleciona-se, por algum critério, um conjunto de observadores. No caso de Rindler, são escolhidos observadores não livres, aos quais uma força é aplicada continuamente, gerando uma aceleração constante. Assim, ao se estabelecer um sistema de coordenadas mais adaptado a esses observadores, descobre-se que esse sistema só pode descrever um quarto da totalidade do espaço-tempo convencional de Minkowski. Neste caso, uma análise de sua interpretação mostra que as fronteiras que delimitam o domínio da validade do sistema de coordenadas de Rindler são determinadas pelo valor máximo da correspondente aceleração dos observadores escolhidos.

Geometria de Minkowski, observadores de Milne

Um outro sistema especial de coordenadas foi caracterizado pelo astrônomo inglês Milne, que pode ser entendido como constituindo uma espécie de sistema complementar ao de Rindler, embora sua origem seja totalmente distinta. Com efeito, enquanto os observadores de Rindler constituem sistemas acelerados, e consequentemente não possuem um tempo único gaussiano, a classe dos observadores de Milne constituem observadores inerciais, livres, e que descrevem um só tempo global comum a todos esses observadores. Isto é, como em Gödel, esse sistema gaussiano é limitado. Mas, então, de onde vem o horizonte, essa fronteira que independe que esse sistema cubra todo o espaço-tempo? Para entendermos isso, devemos conhecer

Mario Novello

o modo pelo qual o sistema de Milne é gerado, como se descreve sua criação, e como ele pode ser construído.

O sistema de coordenadas de Milne é gerado a partir de um momento arbitrário de criação artificial e formal do espaço-tempo minkowskiano. Tudo se passa, para este sistema de coordenadas, como se a partir de um dado momento previamente selecionado e arbitrário, caracterizado por um valor que convencionamos chamar de tempo zero, uma quantidade infinita de observadores inerciais são hipoteticamente enviados para todas as direções, a partir de um ponto central do espaço, escolhido para constituir a origem espacial deste sistema de coordenadas. Assim, a partir desse centro, todo o espaço seria atingido. Entretanto, como os observadores só podem se movimentar para o futuro, o passado desse ponto e, consequentemente, de todos os pontos que estariam no espaço associado a um tempo anterior ao escolhido no sistema de Milne como seu tempo inicial, não poderia ser atingido pelos observadores de Milne. Consequentemente, eventos, acontecimentos do passado, estariam fora dessa descrição.

Entende-se, assim, a razão pela qual o sistema de coordenadas de Milne só é capaz de descrever uma parte da totalidade da Geometria de Minkowski: trata-se de uma consequência direta do modo de formação deste sistema. Os observadores de Milne, ao começarem sua descrição do Universo, postulam que toda a história passada está definitivamente apagada para eles, ou, para usar a palavra correta associada a esta definição: este passado não existiu, não pode fazer parte de sua representação do Universo. No entanto, trata-se de descrever o bem-comportado espaço-tempo de Minkowski.

Sabemos que é possível, escolhendo outra classe de observadores fundamentais, estabelecer um sistema gaussiano completo, capaz de representar toda essa geometria. Isso nos mostra claramente que a limitação do sistema gaussiano de Milne não é uma propriedade inerente ao espaço-tempo que ele descreve, mas sim uma limitação do alcance desta particular escolha de representação.

Sistema gaussiano na Geometria de Gödel

Depois deste pequeno desvio para entendermos como se estrutura, em geral, um sistema de observadores gaussianos, e como se pode limitar e estender sua descrição, podemos voltar ao caso que nos interessa aqui. Vamos proceder de modo semelhante.

Vamos supor que nesta Geometria de Gödel um conjunto de observadores geodésicos são enviados para todas as direções a partir de um ponto qualquer 0. Cada um desses observadores irá descobrir que, ao se aproximar de um certo valor de distância D de seu ponto original (valor este que depende somente da intensidade de rotação existente neste modelo), aparece uma barreira impossibilitando a extensão daquele sistema além de D. E qual a razão para o aparecimento dessa barreira? Qual a origem dessa curiosa propriedade de confinamento? Por que esse sistema limita ao raio D a possibilidade de construção de tempo único, do tempo gaussiano nesta geometria?

Um exame mais detalhado mostra o que se passa na fronteira: além de D, é possível o aparecimento de curvas do tipo-tempo fechadas. Isto é, um observador real poderia, em princípio, voltar a seu passado e, consequentemente, tal sistema de coordenadas gaussianos se torna impossível de ser estendido além de D.

Notemos, entretanto, que a situação aqui, na Geometria de Gödel, é diferente do caso anterior de Minkowski. Tanto na representação de Milne quanto na de Rindler, a limitação de que tratamos é artificial, está associada a uma escolha especial de observadores. Podemos passar para outra categoria de observadores — os inerciais,

Mario Novello

por exemplo —, que podem realizar a tarefa de descrever a totalidade desse Universo de Minkowski. A diferença entre a limitação de alguns observadores gaussianos desta geometria e aquela, bem mais dramática, existente na Geometria de Gödel, reside precisamente nesta característica que devemos repetir e enfatizar: enquanto em Minkowski trata-se de uma escolha de observadores que não podem utilizar um tempo cósmico global, único, para toda a geometria, no caso de Gödel, trata-se de uma proibição que independe de qualquer escolha especial de observadores.

Capítulo 8

O tempo e as leis físicas

Um breve comentário sobre o Universo

A Física se organizou sob o manto da hipótese de existência de leis que controlam a organização e a dinâmica dos corpos no mundo. Em verdade, essa afirmação deveria se restringir às leis que observamos na Terra e em nossa vizinhança. Dito de outro modo, a extrapolação das leis físicas descobertas na Terra para todo o espaço-tempo do Universo é uma hipótese construída pela simplificação formal do mundo e graças a uma aceitação de que essa rigidez é imposta pela coerência que estabiliza o Universo.

No entanto, a hipótese alternativa de que as leis físicas dependem das características da geometria do espaço-tempo é coerente com as observações e implica a característica de um Universo menos determinista, menos rígido. E, muito possivelmente, igualmente estável. Isso nos leva à ideia de historicidade das leis físicas aplicadas no Universo.

Revolução na Física no século XXI

Uma nova revolução na Física está em andamento. Trata-se da variação das leis físicas no Universo.

A dependência cósmica das leis físicas terrestres é consequência direta da ação da gravitação. Ela aparece quando essas leis são extrapoladas para o Universo profundo onde a gravitação assume valores extremamente elevados.

É precisamente a interação da matéria com um campo gravitacional intenso — através da curvatura do espaço-tempo — que provoca essa alteração no comportamento dinâmico das leis.

Do ponto de vista observacional, tudo se passa como se houvesse uma dependência com o tempo cósmico das leis físicas. Isso nos leva a reconhecer que no Universo profundo devemos transformar as leis físicas em leis cósmicas.

É essa situação que institucionaliza o que chamamos de terceira revolução na Física e que deve ser acrescentada àquelas duas outras revoluções do século XX, as teorias da relatividade e dos *quanta*.

Assim como nos casos das duas revoluções anteriores, essa também tem provocado uma forte reação contrária, com físicos conservadores negando evidências dessa caracterização, agarrando-se a interpretações antigas que constituem verdadeiros obstáculos ao desenvolvimento da análise do Universo.

Isso não é uma novidade. Os cientistas, assim como ocorre em outras profissões, agarram-se compulsivamente às certezas anteriores, bem estabelecidas e dificultam, quanto lhes for possível, a aceitação de novas interpretações sobre os fenômenos.

No entanto, essa terceira revolução tem uma natureza diferente das anteriores e uma dificuldade nova aparece, pois, contrariamente às duas revoluções anteriores — cujas críticas veementes puderam ser respondidas com os resultados de experiências preparadas em laboratório terrestre —, no caso da terceira revolução, como ela depende da dinâmica do Universo, a situação é mais complexa.

Com efeito, devido ao caráter universal da gravitação e ao fato de que é sempre atrativa, ela não permite realizar experiências

As múltiplas versões do tempo | O tempo e as leis físicas

preparadas, como nos demais processos físicos. A análise do Universo gravitacional só pode ser feita através de observações não controladas. Uma outra diferença importante separa a terceira revolução das duas anteriores. Aquelas foram produzidas graças a uns poucos físicos; no caso desta terceira, um número bem maior de cientistas tem contribuído para a complexa caracterização, na análise sob múltiplas formas, da variação das leis no Universo.

Ou seja, somos levados a perguntar o que acontece em um Universo dinâmico com as leis físicas terrestres, como elas poderiam ser alteradas nesse turbilhão cósmico, nesse dinamismo universal.

A extensão da validade de uma lei da Física para além de seu território observável sempre foi considerada um procedimento natural. Essa regra de gerar uma extensão de uma determinada lei, embora tenha sido entendida nos primeiros tempos como um protocolo permissivo, tornou-se mais do que um simples procedimento simplificador, adquirindo um caráter absoluto e proibindo a análise de propostas alternativas, mesmo naqueles domínios onde não se tem dados observacionais confiáveis. Uma reação a essa atitude estática, essa ortodoxia, em um primeiro momento levou alguns poucos cientistas a fazerem propostas de transformação das leis físicas no Universo e, posteriormente, a uma nova linha de investigação.

Por uma questão de simplificação, separamos a análise dessas sugestões alternativas em três fases históricas, a saber:

- **Fase 1:** dependência temporal das constantes físicas (anos 1930).
- **Fase 2:** mudança de algumas teorias específicas (anos 1950).
- **Fase 3:** dependência cósmica geral das leis da Física (século XXI).

Os precursores

Na primeira fase, as propostas foram bastante ingênuas, baseadas em argumentos simplistas, sem uma estrutura formal sólida que lhes desse sustentação. Como exemplo, podemos citar a hipótese de Dirac dos anos 1930, que sugere a dependência da constante de Newton com o tempo cósmico. No mesmo período apareceu a hipótese, igualmente simplista, de Sambursky, de variação da constante de Planck, a característica fundamental do mundo quântico.

Mais tarde, na década de 1950, a sugestão de Dirac adquiriu respeitável embasamento teórico, ao se transformar em uma modificação da Relatividade Geral, o que foi chamado de teoria escalar-tensorial da gravitação.

Depois desse início singular, durante mais de meio século sem que essa análise tivesse atraído a comunidade científica, começaram a aparecer diferentes modos de estender e transformar aquelas duas propostas iniciais em um verdadeiro território de investigação intensa. As fases 2 e 3 começaram a se desenvolver.

A razão por trás dessas análises e sugestões se deveu ao fato de que, em vez da aceitação ingênua da universalidade das leis físicas terrestres, começou-se a perguntar se seria possível não haver efeito da evolução das propriedades métricas do espaço-tempo sobre as leis da Física em um Universo dinâmico, com uma geometria variável, cuja curvatura depende do tempo cósmico.

Uma resposta simples, negando qualquer modificação, dominou o pensamento dos físicos em grande parte do século XX, desde os primeiros momentos de construção da Relatividade Geral, apoiando-se na aceitação da transformação do princípio da equivalência em um construtor de leis.

Segundo esse princípio, localmente, é sempre possível anular o efeito da gravitação, sobre qualquer forma de matéria e/ou energia, por uma simples transformação de representação do campo gravitacional. Do ponto de vista técnico, isso é equivalente a aceitar que a curvatura da geometria do espaço-tempo não participa da interação com a matéria. Como essa curvatura, na vizinhança terrestre e sobre a Terra, é muito fraca, nenhum efeito capaz de violar essa hipótese foi efetivamente observado.

No entanto, quando se trata de campos gravitacionais fortes, onde a curvatura da métrica é bastante elevada, essa regra pode ser violada. É exatamente por meio de processos dessa forma — isto é, onde a interação gravitacional com a matéria envolve a curvatura — que os efeitos de variação das leis físicas aparecem.

A reação à utilização do princípio de equivalência como gerador das leis de interação matéria-gravitação levou diretamente à terceira fase, que faz do acoplamento não mínimo (resultado da influência da curvatura do espaço-tempo sobre a dinâmica dos corpos materiais e energias sob qualquer forma) com a gravitação, o verdadeiro gerador das leis cósmicas, produzindo modificações espaçotemporais das leis da Física.

Vamos agora fazer um sobrevoo sobre questões que estão momentaneamente fora do que o *establishment* aceita como explicação de certos fenômenos, por exemplo, a origem da massa e a não linearidade da dinâmica no microcosmo[5].

---

[5] A sacralização da Natureza (cf. Catherine Larrère) levou à aceitação de que as leis da natureza são descobertas — e não construídas por nós. Essa interpretação torna difícil admitir que, ao termos acesso a uma lei, ela não seja declarada universal, eterna e intocável.

Mario Novello

Princípio de Mach generalizado

Uma das ideias fundamentais para o desenvolvimento da Teoria da Relatividade Geral consistiu na proposta de Ernst Mach, segundo a qual a inércia de um corpo qualquer é dada pela inércia de todos os corpos no Universo. Ou seja, haveria uma intimidade profunda entre uma característica local e propriedades da totalidade do Universo. Essa expressão, um pouco vaga, adquiriu uma configuração geométrica rigorosa quando Einstein fez a hipótese de identificação da interação gravitacional com a estrutura métrica do espaço-tempo.

Um outro modo de exibir essa interdependência da microfísica com as propriedades globais do Universo foi formulado recentemente, com sucesso. Trata-se de uma extensão da proposta de Mach, que levou à ideia de que equações fundamentais das partículas elementares, como o elétron e o neutrino, poderiam exibir configurações não lineares, devido a propriedades globais do Universo.

O caso da dinâmica de Heisenberg

A dinâmica das partículas elementares do tipo férmion (como o elétron e o neutrino) é descrita de modo bastante correto pela equação proposta por Paul Dirac, feita há mais de meio século. Essa equação descreve, por exemplo, o movimento do elétron na ausência de um campo gravitacional. Trata-se, claro está, de uma aproximação, em que consideramos que o campo gravitacional é muito fraco e pode ser desprezado, ao longo da trajetória do elétron. E o que acontece quando a gravitação interfere?

A resposta é um pouco técnica, mas irei resumi-la de modo simples. Começamos por perceber que ela depende do modo pelo qual se dá a interação férmion-gravitação. Para um dado processo,

74

As múltiplas versões do tempo | O tempo e as leis físicas

onde intervém a geometria (que representa a gravitação) através da curvatura do espaço-tempo, o resultado é a modificação da linearidade da dinâmica do férmion. Ele passaria a não mais obedecer a equação de Dirac, mas sim uma equação proposta por Heisenberg para descrever o processo dinâmico de interação entre partículas, caracterizadas pelo que os físicos chamam spin semi-inteiro. Ou seja, a dinâmica proposta por Heisenberg em um artigo de 1957, elaborada a partir de princípios fundamentais, nada mais seria do que o resultado da interação do férmion de Dirac com o resto do Universo, uma proposta fora do sistema aceito pela ortodoxia.

A nova compreensão da ordem cósmica que emerge da dependência temporal das leis físicas

No Manifesto Cósmico ficamos conhecendo a proposta do matemático e filósofo francês Albert Lautman da solidariedade cósmica. Esse conceito permitiu entender a coerência das leis físicas em um Universo dinâmico, organizando a compatibilidade formal entre o local e o global.

As leis físicas foram estruturadas e consolidadas por experiências realizadas na Terra e suas vizinhanças, onde o campo gravitacional é bastante fraco. Nessa região, é possível reconhecer que os efeitos gravitacionais envolvendo explicitamente a curvatura do espaço-tempo podem ser desprezados e que, portanto, os efeitos da gravitação sobre os corpos podem ser localmente eliminados por uma simples escolha de representação.

A constância das leis físicas terrestres se deve ao procedimento adotado pelos físicos de organizá-las a partir de situações nas quais a curvatura do espaço-tempo não desempenha papel importante na dinâmica da matéria.

Quando, ao contrário, a influência da curvatura é suficientemente grande, capaz de alterar o movimento dos corpos, então a dependência temporal dessas leis aparece claramente.

Devemos então, para evitar expressões dúbias, modificar o que chamamos lei física pela expressão lei cósmica. Note que não se trata somente de uma alteração de representação, mas, sim, de afirmar que a lei física não pode ser extrapolada sem ser alterada. Damos o nome de lei cósmica a essa alteração.

Embora os físicos não tenham se debruçado sobre essa análise referente à possível variação das leis físicas, a não ser nas últimas décadas, os matemáticos já haviam revelado essa possibilidade formalmente, há mais de meio século. Com efeito, podemos citar o comentário feito pelo matemático francês Élie Cartan, no início de 1930, segundo o qual a dificuldade que Einstein encontrava em seu programa de unificação dos campos de interação na natureza está intimamente relacionada à ausência, em sua análise, das questões referentes à estrutura global do espaço-tempo.

É Cartan quem afirma: "[...] *la recherche des lois locales de la Physique ne peut être dissocié du problème cosmogonique. On ne peut du reste pas dire que l'un précède l'autre; ils sont inextricablement mêlés l'un, à l'autre*"[6].

Ou seja, os matemáticos imaginaram, de modo intuitivo e correto, que a questão de unificação passa pela caracterização das propriedades globais do Universo, ou seja, sua Topologia. Um passo nessa direção começou precisamente quando os físicos procuraram se libertar das amarras do princípio de equivalência e iniciaram uma

---

[6] "A pesquisa das leis locais da Física não pode ser dissociada do problema cosmológico. Não podemos dizer que uma precede a outra; elas estão inextrincavelmente associadas uma à outra." (Tradução nossa.)

As múltiplas versões do tempo | O tempo e as leis físicas

sistemática investigação dos efeitos da curvatura do espaço-tempo sobre a dinâmica dos corpos. E, de modo mais amplo, das relações entre as propriedades globais do Universo e suas propriedades locais, ou seja, ir além da descrição usual dos fenômenos que prioriza o uso de equações diferenciais, que envolvem unicamente qualidades locais e se expressam por contiguidade. A descoberta de que no Universo profundo existem processos novos, provocados pela influência da curvatura do espaço-tempo sobre a matéria, foi o início explícito da terceira revolução na Física.

Dessa análise de elaboração da terceira revolução na Física, aprendemos que as leis cósmicas exigem uma investigação das propriedades da curvatura do espaço-tempo naquelas regiões onde ela é extremamente intensa. Como no cenário convencional da Cosmologia, a curvatura depende somente do tempo cósmico, segue a dependência com o tempo cósmico das leis físicas (terrestres) extrapoladas ao Universo e que chamamos leis cósmicas. Somos levados assim a afirmar a historicidade da dinâmica do Universo.

O reconhecimento de que as leis cósmicas são históricas e a necessidade de esclarecer a interpretação e o significado da variação da lei física tornam necessário reformular a atividade científica na construção de uma representação do Cosmos.

Assim, limitando a dependência atual da orientação da Ciência de seus aspectos práticos, focando em uma descrição completa da evolução da matéria e energia em todo espaço-tempo, estamos reconstruindo o encantamento do Universo.

O próximo passo seria investigar a profundidade da alteração na concepção da Ciência que decorre dessas modificações das leis físicas, bem como o *status* que devemos atribuir às leis cósmicas.

Comentário

A ordem que os físicos atribuem ao Universo pode ser entendida de duas formas:

1. As leis físicas são, *a priori*, embutidas no Universo desde o momento de sua criação: posição ortodoxa.

2. Elas são consequências da sucessão de organizações anteriores, de propriedades do Universo que variam com o espaço-tempo, uma proposta fora da ortodoxia.

Devemos lembrar aqui que a dependência das leis físicas com o tempo cósmico deve ser entendida como parte intrínseca da solidariedade do Universo. Essa solidariedade pode ser entendida como coerência, capaz de permitir a existência desse Universo por um tempo longo. Trata-se de uma evolução cósmica não dirigida, aleatória, que pode ocorrer em diversas configurações (de curta duração) de universos menos estáveis, até que uma situação suficientemente estável (para o desenvolvimento de estruturas inomogêneas) aconteça.

A ortodoxia na Ciência requer a estabilidade das leis físicas. Quando essa condição é violada, como vimos neste texto, propostas relegadas a um plano secundário passam a ser revistas e examinadas com mais atenção. Ao começar a ter sucesso na refutação ao pensamento dominante, criticando suas aparências e seus fundamentos, a posição não ortodoxa dá sinais evidentes de querer se transfigurar, com paixão, em uma nova ortodoxia.

Se não quisermos adotar, como saída desse impasse dessa dualidade, alguma hipótese que esteja fora de nosso controle racional, somos obrigados a empreender uma crítica permanente no jogo de representação do Universo.

As múltiplas versões do tempo | O tempo e as leis físicas

A história da evolução das ideias na Ciência — e possivelmente também fora dela — leva a imaginar que essa crítica duradoura, continuada, esse verdadeiro trabalho de Sísifo é interminável.

Uma observação adicional

No microcosmos descobrimos átomos. Aumentando a energia dos instrumentos de observação, encontramos alguns elementos comuns a todos os átomos: próton, nêutron e elétron. Indo mais além, com máquinas mais energéticas, dividimos o próton em elementos mais íntimos, os *quarks*. Em um primeiro momento, a teoria proibiu esses *quarks* de aparecerem livres para nossas investigações. Mas, independentemente dessa certeza, continuamos a aumentar a energia de nossos esmagadores de partículas, procurando configurações mais íntimas.

No macrocosmos, avançamos para além de nossa via láctea. Descobrimos a existência de centenas de milhões de galáxias. Nos detivemos no suposto Big Bang de energia fantasticamente elevada. Mas a teoria não se deixou limitar, nem por teoremas de eminentes sábios ingleses, e os teóricos formularam modelos com *bouncing*, possuindo uma fase de colapso gravitacional, anterior a essa de expansão atual do Universo.

O que podemos esperar dessas sucessivas penetrações na natureza? Para onde esse modelo de *bouncing* está nos conduzindo?

Esperaríamos um momento final dessa série de estruturas, se aceitássemos que essa sucessão de configurações é somente "da natureza" e não contém nenhuma contaminação de nossa representação dela. Chegaríamos assim à "verdadeira essência última" da matéria e do Universo.

No entanto, devemos ter em mente que a natureza não conhece equação diferencial, mas sabe muito bem o que ela representa.

Ao considerar a posição de que não estamos "descobrindo leis da natureza", mas sim representando seu comportamento pela criação de "leis da natureza", então não podemos esperar que essa invasão da intimidade da matéria e do espaço cósmico tenha fim. Ou seja, nos deparamos uma vez mais com uma infindável sequência de ortodoxia e contraortodoxia.

Isso nos leva à questão da virtualidade no mundo microscópico. Vamos fazer um breve desvio para esclarecer essa questão.

Virtual e real

Uma partícula carregada eletricamente, digamos um elétron, pode em seu caminho emitir um fóton e logo em seguida absorvê-lo. E repetir essa configuração um sem-número de vezes. Esse fóton não se separa do elétron: ele é virtual. Não é motivo de uma observação, ocorre somente como uma espécie de solilóquio dinâmico. É consequência formal da descrição que fazemos de processos eletromagnéticos no mundo quântico.

Aparece então a questão: esse fóton virtual existe? Dito de outro modo, esse fóton virtual — assim como outras partículas virtuais que aparecem internamente como um processo quântico semelhante a esse, mas que não são observadas por uma experimentação que o singularizaria —, podemos atribuir a essas partículas virtuais a condição de existência? Ela faz parte certamente da descrição que a teoria quântica permite, mas isso é suficiente para responder à questão: ela existe?

A Física newtoniana, que trata de processos da dimensão humana, responde de modo simples e direto a essa questão. Entretanto, não devemos esperar que a Física moderna seja capaz de estabelecer uma hierarquia existencial absoluta entre o real e o virtual.

Ao observarmos o movimento dos corpos, aparecem limitações impostas pela Teoria da Relatividade Especial. A intensidade do campo gravitacional, nos momentos de enorme condensação nos primórdios da atual fase de expansão do Universo, também apresenta novidades que estão além de nosso cotidiano, por exemplo, a violação de certas leis fundamentais da Física terrestre. A virtualidade no mundo das partículas elementares mostra que devemos aceitar a existência de níveis distintos de realidade. Ou, poderíamos dizer, de permanência no real.

Por exemplo, quando um fóton se transfigura em elétron e antielétron, esse par é virtual, o que significa que ele não precisa obedecer às leis da Física às quais toda matéria/energia deve se subordinar. Essa liberdade que um processo virtual adquire (por ser virtual) marca uma fronteira entre existência real e existência virtual.

Partícula virtual é, em síntese, uma flutuação do vácuo. No entanto, essa virtualidade pode exercer uma ação sobre corpos reais. Um exemplo notável é a presença de efeitos não lineares na interação eletromagnética devido ao aparecimento de processos virtuais. A partícula virtual não é um ente matemático. Ela existe, assim como aquilo que designamos como real.

A distinção acontece porque, como aquele par virtual elétron--pósitron, em que o fóton se transfigura de quando em quando, tem uma vida extremamente curta, não temos tempo suficiente para observá-lo diretamente. Somos levados então a pensar em camadas do real e do virtual como territórios semelhantes, mas não iguais, distinguidos pela observação.

Em resumo, fora do cotidiano, longe das coisas e fenômenos descritos na Física newtoniana — e que organiza nossa realidade imediata —, a Ciência moderna, ao avançar em sua descrição da natureza no microcosmo (no domínio do mundo quântico) e no Universo profundo (nos momentos de extrema condensação do Cosmos), bloqueia, inibe, impede a caracterização do significado único que quereríamos atribuir à palavra "existir".

Autocriação do Universo

Talvez o exemplo mais contundente de como a virtualidade pode exercer um efeito real seja, podemos citar, a formulação recente da existência do Universo como consequência da instabilidade do vazio quântico. Para entender o significado dessa afirmação, é necessário fazer um pequeno desvio de natureza técnica.

Por ser universal e somente atrativa, a gravitação é o principal ator na construção e dinâmica do Universo. No século XX, a Teoria da Relatividade Geral associou essa força à geometria do espaço-tempo. Assim, devemos aceitar que existe no mundo a geometria, os corpos físicos e a radiação eletromagnética.

As partículas elementares (constituintes de toda a matéria) são controladas pela Teoria Quântica, que associa campos como os elementos fundamentais. As partículas seriam nada mais do que condensações localizadas desses campos. Do ponto de vista formal, pode-se associar a cada campo um estado fundamental — dito "do vácuo" —, do qual todos os demais estados (representando um determinado número de partículas) são derivados.

Trata-se, claro está, de um procedimento matemático, mas que permite previsões extremamente corretas e observáveis. Em alguns casos, esse vácuo é instável.

Ao produzir um cenário cosmológico, no interior da Relatividade Geral, gerando uma geometria global para o Universo, alguns agentes são associados a esses campos quantizados. Nessa estrutura, para descrever a dinâmica do Universo, esse estado do vácuo (ausência de qualquer forma de matéria e geometria) estabelecido na Geometria de Minkowski (que se identifica com o vazio absoluto) é instável. Consequentemente, esse estado não pode continuar a existir. Note que essa frase deve ser entendida como um comentário sobre o espaço-tempo "puro", isento de qualquer matéria. A descrição do que ocorre, como consequência dessa instabilidade, é feita pela Relatividade Geral. Nessa formulação, o espaço-tempo vazio começa a diminuir seu volume (infinito), que ele possuía na Geometria de Minkowski. Esse colapso, e a consequente criação de matéria e radiação que seguem, se desenvolve dinamicamente pelas leis convencionais que controlam a matéria e a radiação.

Chegando a um volume mínimo, a matéria criada geradora da geometria entra em cooperação, evitando a redução completa do volume global do espaço. Ato seguinte, essa matéria gera uma forma de expansão que começa a controlar o aumento dinâmico do seu volume. Nesse momento, a teoria convencional é recuperada e diferentes formas de matéria controlam essa evolução de modo continuado e segundo a lei de conservação de energia.

Essa descrição permite produzir uma resposta aceitável à questão "quem veio primeiro: o espaço-tempo ou a matéria?". Partindo da hipótese de que a geometria (isto é, a gravitação) cria matéria (ou seja, excita o vácuo) e como a Relatividade Geral produz uma teoria não linear da gravitação, ela (a gravitação) pode se autoexcitar, sem necessidade de uma fonte material ou energética, e assim fazer aparecer um Universo. Mas note que isso ocorre como um processo cooperativo (vácuo e gravitação). Ou seja, matéria (os campos quantizados) e gravitação entram em cena — no que chamamos realidade — simultaneamente.

Transformando virtualidade em realidade

O fóton pode se transformar em um par elétron-pósitron. Mas sua fragilidade o impede de libertar esse par de si, pois logo em seguida o resgata, aprisionando-o novamente ao fóton inicial em sua trajetória.

Entretanto, em cooperação com um campo gravitacional como na vizinhança de um buraco negro, por exemplo, o fóton pode efetivamente gerar esse par. Isso se dá via uma combinação especial com o campo gravitacional. A estrela (buraco negro) pode sugar uma partícula desse par, enquanto a outra segue fora do buraco negro. O resultado dessa situação é a criação de uma partícula (digamos o elétron), abandonando a virtualidade no mundo exterior ao buraco negro. O seu par (o pósitron) desaparece no interior do buraco negro.

Ao criar virtualmente um par de partículas opostas, pode acontecer de uma força exterior a esse processo interagir de modo distinto com esse par e quebrar esse vínculo com sua fonte (no caso que estamos considerando, o fóton) e gerar uma ou duas novas partículas reais — isto é, que possuem um tempo de existência capaz de ser observável. Isso mostra que é possível interagir com a virtualidade. Ou seja, o termo virtual tem uma conotação de "real escondido". Isso acontece não somente na vizinhança de um buraco negro, mas também nos primórdios da atual fase de expansão do Universo.

Esse mecanismo, por razões óbvias, é chamado "criação de matéria". Segundo alguns cientistas, esse pode ter sido um dos modos de formação de matéria no Universo.

Nos anos 1980, o famoso cientista russo Yakov Zeldovich mostrou como o processo gravitacional de expansão do Universo

As múltiplas versões do tempo | O tempo e as leis físicas

pode criar matéria. A questão então era (e ainda é): toda a matéria existente no Universo teria sido criada pelo campo gravitacional?

Aqui aparece uma questão técnica: a matéria criada perturba o *background* espaço-tempo, alterando sua geometria. Enquanto essa matéria tem uma quantidade pequena, podemos desprezar sua ação gravitacional. Mas, ao continuar esse processo, ela passa a ser importante na organização da geometria.

Uma combinação exitosa desse processo gera a configuração métrica que deverá ser considerada a geometria do espaço--tempo global.

Polarização do vácuo

Todo campo quantizado possui um estado fundamental de zero partículas: o vácuo.

Na presença de um campo externo (digamos o campo clássico eletromagnético ou o campo clássico gravitacional), esse vácuo pode ser polarizado, isto é, gerar pares de partícula-antipartícula.

A diferença entre essas partículas do vácuo polarizado e a criação real de partículas (por qualquer um daqueles campos clássicos) é que as primeiras desaparecem quando o campo externo é anulado, enquanto as partículas verdadeiramente criadas pelos campos continuam a existir, mesmo quando o campo externo desaparece.

A quantidade de matéria criada pelo campo gravitacional depende da intensidade da curvatura do espaço-tempo. No Universo, essa intensidade é máxima quando o volume do espaço é mínimo.

Ou seja, a geração de matéria pela evolução do Universo se dá principalmente nos momentos iniciais da atual fase de expansão. Pelo que vimos, um processo de compatibilidade se instala para constituir o cenário de um Universo em evolução.

Figura 8 | Um fóton — γ se transfigura em um par de partículas: elétron e sua antipartícula pósitron.

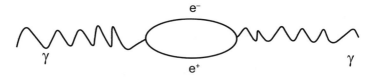

As leis físicas variam com o tempo, elas são históricas

O físico britânico Paul Dirac é bem conhecido por ter estabelecido a teoria que permitiu entender a dualidade entre matéria e antimatéria. Dirac previu que cada partícula deve ter sua cópia às avessas. Ao elétron está associado o antielétron que possui quase todas as suas mesmas propriedades, distinguindo-se do elétron somente pelo sinal oposto da carga elétrica. O elétron tem carga negativa e sua antipartícula tem carga positiva. O mesmo acontece com todas as partículas conhecidas. Ademais, quando uma partícula encontra sua "anti", elas se atraem inexoravelmente e se destroem. Uma verdadeira atração irresistível.

Somente esta descoberta teria coberto de glórias Dirac, mas ele teve outras ideias igualmente singulares e que tiveram grande impacto sobre a Física. Uma delas consiste em sua proposta da possível variação temporal das leis físicas no Cosmos. Como se as leis descobertas na Terra ou em nossa vizinhança devessem ser alteradas quando aplicadas nas imensidões do Cosmos. À época, a comunidade científica rejeitou quase unanimemente essa Teoria de Dirac.

Note que as leis seriam alteradas somente com o passar do tempo cósmico. Isso não afeta nossa tecnologia, toda ela baseada nas leis físicas terrestres e aqui aplicadas. No entanto, como os cientistas não devem limitar o alcance de suas investigações sobre como a natureza funciona somente ao nosso quintal terrestre, devemos considerar essa possibilidade apontada por Dirac, pois ela não entra em choque com nenhuma outra descoberta científica. A sugestão de Dirac limitou-se a imaginar que a constante de Newton da gravitação variasse com o tempo.

Durante mais de meio século essa proposta não foi levada a sério, embora alguns físicos propusessem alterações na Teoria da Relatividade Geral para tornar essa sugestão de Dirac uma proposta científica menos esdrúxula.

Finalmente, nas últimas décadas do século XX essa sugestão foi ampliada, de tal modo que novas ideias apareceram e levaram a proposta dessa variação a formular teorias científicas que estão sendo testadas em vários laboratórios. O conteúdo dessa novidade formal pode ser resumida numa frase de grande efeito e que inspirou o nome desta seção: as leis físicas variam com o tempo cósmico; ao aplicá-las nas imensas dimensões cósmicas, elas passam a ser históricas.

Um exemplo no mundo microscópico: a variação da força nuclear fraca

Em 1972, em um artigo publicado na Inglaterra, eu e meu colaborador italiano Peter Rotelli descrevemos um modelo do Universo que sugeria uma íntima conexão entre a interação gravitacional (de longo alcance) e a interação nuclear fraca (de curto alcance).

Como consequência dessa conexão, a proposta de dependência temporal da gravitação deveria induzir uma dependência temporal da interação fraca.

Os detalhes são por demais técnicos para considerarmos aqui e deixarei para a bibliografia (aos que estiverem mais interessados).

Somente um comentário: essa proposta influenciaria a abundância dos elementos químicos no Universo. Ou seja, o processo mais fundamental no estabelecimento dos elementos químicos se inicia com o decaimento da partícula nêutron. Ela se desintegra em poucos minutos nas partículas próton, elétron e (anti)neutrino. Essa desintegração é controlada pela força nuclear fraca, daí a importância da determinação de sua dependência cósmica.

Lattes: do *méson-π* à variação das leis físicas

O físico brasileiro César Lattes, conhecido por ter sido o pioneiro na microfísica e descoberto o famoso *méson pi*, enveredou por esse caminho de crítica à conservação global das leis físicas no Universo. No entanto, por sua personalidade exuberante e seu modo excessivo ao comentar essa dependência das leis físicas, foi mal compreendido.

Isso aconteceu quando, nos últimos anos de sua vida, Lattes se interessou enormemente pela Ciência do Universo, a Cosmologia, e começou a examinar o artigo sobre a dependência cósmica das interações de Fermi, que comentei há pouco. Em meu livro *Os cientistas da minha formação* contei essa relação com Lattes detalhadamente.

No entanto, Lattes começou a expor suas ideias sobre o caráter geral da dependência cósmica das leis físicas por meio de um ataque frontal à Teoria da Relatividade, que ele considerava ser o principal articulador moderno da constância dessas leis. Não contente com isso, dirigiu sua crítica ácida contra a própria pessoa do criador da teoria, o célebre Albert Einstein, o que não facilitou a adesão de outros cientistas à sua proposta.

Matéria e antimatéria

Andrei Sakharov, o célebre cientista russo, ficou conhecido no Ocidente por ter sido o criador da bomba de hidrogênio da União Soviética. No entanto, sua importância na Ciência e mais especificamente na Cosmologia tem uma outra origem totalmente distinta. A questão de Sakharov consistia em entender por que, a partir da formulação de Dirac de que toda partícula possui sua imagem negativa, não existe praticamente antimatéria no Universo. Ou seja, por que nosso Universo é feito somente de matéria? Esse desequilíbrio entre matéria e antimatéria no Universo é responsável pela estrutura atual do Universo e permite nossa própria existência.

O que une esses três cientistas — Dirac, Lattes e Sakharov? A ideia de que as leis físicas devem variar com a evolução do Universo. Com efeito, a completa simetria no mundo das partículas elementares, apontada por Dirac e observada por Lattes, deveria dar origem a um Universo completamente distinto deste nosso. Sakharov esclarece a questão ao reconhecer que muito possivelmente nos primórdios da atual fase do Universo alguma forma de violação das leis físicas terrestres, associadas ao mundo microscópico, deve ter ocorrido para permitir esse desbalanceamento entre matéria e antimatéria que Dirac apontara. Ou seja, das análises feitas por esses cientistas, somos levados a concluir a dependência cósmica da lei física. Não é difícil imaginar que essa variação com o tempo cósmico deve constituir um sutil mecanismo pelo qual o Universo estende seu tempo de existência. Ou seja, parece que devemos aceitar como um princípio mais fundamental do que a própria inércia a noção de que tudo que existe se estrutura de tal modo a alongar o máximo possível sua existência. Esse princípio que reconhecemos em algumas estruturas compactas, limitadas, da dimensão humana, parece se estender ao próprio Universo em sua totalidade. Dito de outro modo, o Universo se auto-organiza para retardar o máximo possível seu fim.

Bifurcação

Nas últimas décadas, a existência de uma bifurcação associada à historicidade de certos processos físicos foi posta em relevo, em particular pelo químico belga Ilya Prigogine.

Em verdade, a ideia de bifurcação apareceu na matemática no começo do século XX. Poincaré e outros, examinando equações diferenciais não lineares, mostraram que podem existir soluções especiais onde se perde o poder de previsão do sistema. Tudo se passa como se o sistema evoluísse de modo aleatório, sem controle. Em geral, isso acontece quando um parâmetro associado ao sistema de equações atinge um dado valor, típico do sistema.

Esse tipo de descontrole foi observado em laboratórios terrestres em múltiplas configurações e, em particular, em certas reações químicas.

Em 1984, em um artigo em uma revista científica internacional, M. Novello e Ligia Rodrigues deram um passo além, mostrando que uma bifurcação poderia ter ocorrido nos primeiros tempos da atual fase de expansão do Universo. Para que isso acontecesse, a matéria dominante deveria ter viscosidade. A criação de matéria por um campo gravitacional dinâmico (ou seja, não estático) tem uma distribuição de energia exatamente como um fluido viscoso. Dessa forma, esses autores mostraram que o fenômeno de bifurcação poderia ter ocorrido em um momento no qual a geração de matéria por flutuação da gravitação teria ocorrido.

Essa é uma das estranhas propriedades que a evolução da métrica pode construir ao longo do tempo cósmico.

Universo cíclico

A análise anterior se fundamenta nos cenários cosmológicos convencionais, onde o modelo de Friedmann controla a evolução do Universo.

Esse desenvolvimento da Cosmologia está levando inevitavelmente à análise da existência de uma conexão íntima entre as propriedades mais elementares da matéria e o Universo em seus aspectos globais. Ernst Mach, Paul Dirac, Andrey Sakharov, Cesar Lattes, Kurt Gödel, entre outros cientistas, foram pioneiros nessa análise, propondo diversos caminhos para empreender o exame da dependência cósmica da Física terrestre.

Nessa linha de investigação, várias propostas envolvendo uma relação íntima entre propriedades locais da matéria e propriedades globais do Universo apareceram. Dentre elas, cito algumas que se sobressaíram nas últimas décadas:

1. A origem cósmica da massa de todas as partículas.

2. A dependência com o tempo gaussiano global das leis físicas, como, por exemplo, a lei de conservação da paridade.

3. A origem cósmica da não linearidade das interações elementares.

4. A assimetria entre a quantidade de matéria e de antimatéria existente no Universo.

5. A distinção (provocada pela interação gravitacional) entre a causalidade local e a causalidade global.

O leitor interessado em seus detalhes pode encontrar na bibliografia os textos dos artigos relacionados a essas investigações.

Capítulo 9

Os cientistas se juntam aos poetas e reinventam o tempo

Nos tempos atuais, a Ciência está recuperando o direito à imaginação que uma versão cientificista, submetida à tecnologia, havia tomado da orientação da sua atividade. Em especial, na Física. Isso não significa o abandono do pensamento científico preciso e dentro de todas as regras tradicionais da Ciência, mas libera o pensamento para além das necessidades imediatas que o sucesso tecnológico fez parecer únicas e indispensáveis. O olhar sobre o Cosmos e as maravilhosas versões do mundo quântico fizeram uma ruptura irreversível com essa visão limitada da Ciência submetida à tecnologia dos últimos tempos. Voltamos, enfim, aos pensamentos grandiosos dos pais fundadores, os astrônomos que lideraram a Ciência e que nos forneceram um modo de olhar o Universo com admiração e encantamento, sem que isso significasse submissão a uma transcendência. O Universo, como na Cosmologia moderna, pode ser entendido como autocriado, e graças à associação da universalidade da gravitação com a instabilidade do vácuo quântico que o Universo existe.

As ideias, ditas especulativas (com um significado explicitamente pejorativo), haviam sido violentamente agrilhoadas por uma visão positivista associada ao êxito tecnológico e ao poder que essa situação produziu.

Duas grandes linhas de investigação vieram alterar radicalmente essa situação: o mundo microscópico, território natural dos processos

Mario Novello

quânticos; e a análise das propriedades macroscópicas globais do Universo com o surgimento da Cosmologia moderna.

Com efeito, com o sucesso da Cosmologia nas últimas décadas, a possibilidade de pensar para além de nosso cotidiano adquiriu respeitabilidade. Com isso, questões como as que ocorrem no Universo vieram se adicionar a inúmeras outras que afloraram no mundo quântico, permitindo uma liberdade do pensamento que, sem oposição a um realismo convencional, começaram a ser seriamente examinadas e tratadas no interior da atividade científica. Isso liberou o pensamento científico de um modo que, até então, só a filosofia parecia ter o direito a tê-lo. Um exemplo notável que veremos no próximo capítulo envolve a questão do tempo no mundo quântico. Ou seja, ser científico não requer a adesão a uma visão restrita da realidade, sem a grandiosidade que essas investigações revelam.

A Teoria Quântica já apresentava uma formidável crítica a um modo positivista de interpretar os fenômenos descritos na Ciência. Quando De Broglie sugeriu associar uma dualidade a todo corpo material — assim como havia sido feito com a luz, aceitando que ela pudesse ser onda e partícula, sem que isso implicasse em uma contradição formal —, a maioria dos físicos não considerou sua proposta seriamente. No entanto, seria bastante natural imaginar que a função de onda que a Teoria Quântica associa a um corpo poderia ter uma interpretação semelhante à da luz.

Isso não ocorreu, de imediato, graças ao sucesso da interpretação de Kopenhagen que se sustentava na interferência do observador sobre o fenômeno observado — e que foi aceita pela maioria da comunidade científica e, em especial, por seus líderes.

Mais importante do que isso, o espírito prático da comunidade se revelou completamente ao se reconhecer que a explicação dos fenômenos do mundo quântico independia da sua interpretação.

Ou seja, deixou-se de lado a orientação tradicional da Ciência de entender a relação entre os processos observados a partir de uma visão holística desses processos.

A independência do sucesso da Teoria Quântica da interpretação da função de onda fez com que os debates iniciais associados à interpretação desta função fossem relegados a um plano secundário. Deixaram então de ser os interesses principais das reflexões dos físicos.

O desenvolvimento da Cosmologia a partir da introdução do tempo cósmico por Alexander Friedmann na descrição do Universo foi um enorme divisor de águas. Não somente porque o espaço tridimensional deixava de ser associado a um imobilismo tradicional, mas em especial sua consequência mais radical: permitia considerar a dependência cósmica das interações. Entretanto, essa consequência demorou quase um século para ser aceita pela comunidade científica.

Dito de outro modo, a Cosmologia não somente introduziu a historicidade em suas explicações dos fenômenos do Universo, como arrastou consigo todos os processos e fenômenos que, em geral, a Ciência trata.

Ilya Prigogine e Isabelle Stengers, no belo livro *La nouvelle alliance* [*A nova aliança* (1997)], chamam a atenção para certos processos químicos e sua generalização, capaz de introduzir o tempo na descrição de fenômenos observados nos laboratórios.

A Cosmologia vai muito além da proposta desses autores, ao introduzir a historicidade como o modo natural de interpretar os fenômenos do Cosmos. Isso conduz inevitavelmente a revelar um sentido revolucionário na Ciência, a partir da sentença de Marx de que a verdadeira Ciência é histórica.

Os transgressores

Em 14 de março de 2019, o Centro de Estudos Avançados de Cosmologia (CEAC) do Centro Brasileiro de Pesquisas Físicas (CBPF) organizou uma conferência sobre alguns importantes momentos de crítica à teoria vigente na Física. Chamou-se de "os transgressores" a essa conferência, querendo enfatizar o caráter extraordinário e crítico das propostas que alguns físicos e matemáticos fizeram e que conseguiram atrair a atenção da comunidade científica. Podemos dividir essas críticas em duas categorias.

Na primeira estariam Einstein, Friedmann e Dirac. Na segunda estariam Gödel, Bohm, Sakharov e Hoyle.

A primeira categoria teve consequências práticas comprovadas; e a segunda trata de questões de fundamento que organizam nossa visão de mundo.

Nas primeiras décadas do século XX aconteceram profundas alterações na descrição que os físicos faziam até então. Einstein alterou a Teoria da Gravitação newtoniana de modo radical. Friedmann tirou o Universo de uma situação de imobilidade que séculos de aceitação haviam colocado como uma verdade absoluta. Dirac mostrou que as partículas elementares que constituem todos os corpos possuem opostos, as antipartículas, que aniquilam sua imagem.

As transgressões da segunda categoria tiveram menos impacto na Física, mas um impacto enorme na nossa representação do mundo. Quais seriam essas? Vejamos.

Kurt Gödel mostrou com um exemplo de geometria — uma solução das equações da Relatividade Geral — que causalidade local não implica causalidade global. Ou seja, que a impossibilidade de um corpo passar duas vezes pelo mesmo ponto do espaço-tempo que observamos em nossa redondeza pode ser violada em alguma

As múltiplas versões do tempo | Os cientistas se juntam aos poetas e reinventam o tempo

região nas profundezas do Universo. Isto é, realizar a experiência de volta ao passado.

David Bohm permitiu conciliar aspectos observacionais da mecânica quântica com a Cosmologia. Isto é, proporcionou a compreensão de como seria possível realizar a quantização da geometria do Universo, sem a necessidade de enfrentar dificuldades observacionais que a interpretação convencional da Teoria Quântica (dita interpretação de Copenhague) apresenta.

Andrei Sakharov conseguiu conciliar a simetria entre matéria e antimatéria observada nos laboratórios terrestres com a ausência substancial de antimatéria no Universo.

Fred Hoyle iniciou a investigação de modos novos de interação entre a matéria e o campo gravitacional, exibindo uma solução cosmológica distinta da que Friedmann havia proposto.

E o século XXI, o que ele poderia trazer capaz de despertar uma transgressão semelhante a que descrevemos acima?

É verdade que aquela riqueza de transgressões desapareceu no cenário da Física e que, possivelmente, a origem do que a Ciência vem perdendo ao longo do século XX (malgrado a autoadulação de alguns cientistas do *establishment*) pode ser consequência do abandono do diálogo entre diferentes saberes, como ficou explícito na conferência "Miséria da Ciência sem Filosofia", organizada pela revista *Cosmos e Contexto* em setembro 2019.

Isso me leva a enfraquecer o critério de transgressão e suas consequências. Assim, podemos considerar que nas Brazilian School of Cosmology and Gravitation (BSCG) que o CEAC organiza, tivemos a oportunidade de considerar várias ideias novas, as quais podem satisfazer esse critério restrito de transgressão, como:

- A acreditar em Vitaly Melnikov e seu grupo no Instituto de Metrologia em Moscou, sobre a análise da dependência cósmica das interações — como proposta por vários físicos no passado recente — que poderia ser entendida como uma transgressão, posto que provocaria uma profunda modificação na atual descrição da evolução do Universo e do comportamento da matéria no Cosmos.

- Os trabalhos do físico russo Vladimir Belinski de crítica à chamada radiação Hawking.

- Diversos trabalhos (como os de David Wiltshire) que não aceitam o modo convencional de interpretar observações astronômicas e que conduziram à necessidade de pensar na existência de uma energia escura ou de alteração das equações da Relatividade Geral.

- Modelos de Universo com *bounce*.

- O mecanismo gravitacional de geração de massa.

- As diversas propostas de quantização da gravitação.

- Os modelos de criação do espaço-tempo a partir de estruturas quânticas.

- A geometrização do mundo quântico.

Como essas propostas estão ainda em formação, devemos esperar algum tempo para saber como irão evoluir e se podem verdadeiramente serem consideradas formulações aceitáveis no cenário científico. Ou seja, se poderemos chamá-las de transgressão consequente ou se devem ser entendidas como somente propostas fora do *establishment*.

Qual a consequência na formulação do tempo "dos poetas" do que acabamos de comentar? E qual o significado de associar essa nova expressão do tempo aos poetas? Estes, supostamente, alteram a realidade de um modo incontrolável pela razão. Seria isso que estamos esperando da nova Ciência?

Vamos deixar claro que a atividade científica continua racional ao realizar uma descrição do mundo. No entanto, ao adentrarmos uma nova geometria no espaço-tempo com propriedades inesperadas e em flagrante contradição com nossa observação cotidiana, creio que é legítimo esperar que essa realidade tenha uma interpretação no nível de nossa percepção como se estivéssemos em um dramático e contundente sonho. É isso que uma nova interpretação do mundo quântico está nos revelando. E é ela que nos obriga a considerar uma nova interpretação do que temos entendido por tempo.

Não esqueçamos que as teorias da relatividade (Especial e Geral) já haviam transfigurado nosso tempo usual, esse com que lidamos em nosso cotidiano. No entanto, cem anos depois da revolução dessas teorias, conseguimos nos habituar com os diversos tempos e as variações que elas trouxeram. Ou seja, essas aventuras no tempo não são impossíveis de serem interpretadas à luz de nosso dia a dia. Tanto na Relatividade Especial (e a dependência dos tempos dos observadores inerciais com a velocidade da luz), quanto na Relatividade Geral (com os efeitos da gravitação sobre os relógios).

O que acontece com a imersão no mundo microscópico, e o novo tempo que a "geometria quântica" traz, vai muito além de nossa imaginação. Até mesmo além de nossa compreensão formal e sua tradução para a linguagem convencional do nosso cotidiano, com a qual acreditamos descrever a realidade.

Isso dito, no próximo capítulo eu ousaria afirmar que iremos penetrar em um estranho ambiente, no qual sua representação poética deixa de ser a fantasia de uma embriaguez da realidade e passa a ser aquilo que chamaríamos o sonho de um mundo real mascarado de virtualidade.

Capítulo 10

O tempo no mundo dos *quanta*

A geometria proposta na segunda década do século passado por H. Weyl está sendo usada para descrever o mundo quântico. Isso foi possível a partir da identificação do potencial quântico — na interpretação de David Bohm do quantum *— à curvatura de uma Geometria de Weyl. Desse modo, somos levados a considerar que a Física clássica se descreve em termos da Geometria de Riemann; e o mundo quântico se descreve na Geometria de Weyl.*

Mario Novello

A Geometria de Weyl

Em 1918, o matemático alemão Hermann Weyl (1885-1955) propôs uma modificação na estrutura da Geometria de Riemann. A ideia fundamental consistia em não aceitar a invariância dos comprimentos ao longo de um transporte qualquer. Ou seja, estabelecer uma geometria na qual os instrumentos de medida dependem de sua posição e, consequentemente, de sua trajetória para ir de um ponto da variedade espaço-tempo para outro ponto. Isto é, a geometria não fica completamente fixada somente com o conhecimento da métrica. É preciso alguma coisa mais.

Weyl propôs então identificar a origem dessa estranha situação à existência de um campo eletromagnético.

A razão que levou Weyl a essa modificação estava relacionada à tentativa de seguir os passos de Einstein. Weyl (como Einstein, mas de modo completamente diverso) procurava geometrizar o eletromagnetismo, assim como Einstein havia feito ao associar a Geometria de Riemann à gravitação.

Embora essa proposta de Weyl tenha caído no esquecimento — depois de fortes críticas de vários cientistas e, em especial, de Einstein —, ela ressurgiu no final do século passado em outro contexto, no mundo microscópico.

A história dessa associação da Geometria de Weyl para descrever o mundo quântico é bastante específica e técnica para que a analisemos aqui. O que nos interessa examinar é a consequência da utilização dessa geometria sobre a questão do tempo.

Se o mundo quântico pode ser associado à Geometria de Weyl, então os instrumentos de medida, como os relógios, são alterados ao serem levados de um lugar a outro (mesmo em repouso). Isso significa que nesse transporte eles mudam o tique-taque. Essa alteração é bem distinta daquelas duas que vimos e que estão relacionadas às teorias da relatividade, Especial e Geral.

No microcosmos, controlado pela Teoria Quântica, existem limitações sobre as observações. Um exemplo típico, proposto pelo físico alemão Werner Heisenberg, é dada pela desigualdade:

$$\Delta E \, . \, \Delta T \geq \hbar$$

Essa equação deve ser interpretada como se entre o erro cometido na determinação da energia de um processo qualquer multiplicado pelo erro cometido no tempo de observação, o produto dos erros não pode ser inferior a um dado valor, chamado constante de Planck. Ou seja, não podemos ter valores exatos da energia e do tempo simultaneamente.

As múltiplas versões do tempo | O tempo no mundo dos *quanta*

Tempo na Geometria de Weyl[7]

Vimos aqui que algumas propriedades do mundo descritas pela Física fazem apelo a uma modificação da geometria no espaço--tempo. Passamos da Geometria Euclidiana para a de Minkowski (na Relatividade Especial) e, em seguida, para geometrias de Riemann de diferentes configurações (na Relatividade Geral).

Estamos agora penetrando em um novo mundo, uma nova geometria, com características mais estranhas ainda. Não é nosso propósito examinar com detalhes essa Geometria de Weyl. Para o que nos interessa aqui é suficiente argumentar que a estrutura do tempo nessa geometria implica que o tique-taque depende de sua localização. Ou seja, não há uma forma única, global, de definir o tempo nessa geometria. A principal característica envolve a dependência temporal do caminho usado para ir de um ponto do espaço--tempo para outro.

Nós esperaríamos que, ao usarmos diferentes caminhos — mas de igual comprimento no espaço-tempo — para ir de um ponto de espaço-tempo para outro, o tempo de transporte desses dois caminhos fosse o mesmo.

Contrariamente a essa expectativa do senso comum, mesmo que o comprimento das curvas usadas para ir de A para B seja o mesmo, existe uma diferença temporal que depende da trajetória. Isso reflete uma característica especial da nova geometria.

Essa propriedade da Geometria de Weyl foi o principal argumento de crítica feita por Einstein, que inviabilizou a associação

---

[7] Na Escola de Cosmologia e Gravitação de 2023, realizada no Centro Brasileiro de Pesquisas Físicas, o físico Carlos Romero examinou com profundidade a questão do tempo na Geometria de Weyl.

do campo eletromagnético a essa geometria, conforme a proposta inicial de Weyl.

Para contornar essa dificuldade e adaptar a Geometria de Weyl a alguma característica física, considerou-se uma forma restrita dessa geometria, que passou a ser conhecida pela sigla Wist, simbolizando o termo em inglês *Weyl Integrable Space-Time*, ou seja, o espaço-tempo integral de Weyl.

Nessa forma especial, aquela dificuldade apontada por Einstein não ocorre. O preço a pagar é restringir a função definidora da Geometria de Weyl de quatro (que serviria, originalmente, para caracterizar o campo eletromagnético) para somente uma.

Foi essa redução que permitiu associar essa estrutura geométrica ao mundo quântico, onde tudo se passa como se uma força de natureza quântica, atuando universalmente sobre todos os corpos, permitisse a construção de uma Geometria de Weyl.

Esse tempo é, certamente, uma novidade bastante distinta das diversas revoluções sobre o tempo a que nos acostumamos ao longo do século XX, seja no movimento dos corpos descritos na Relatividade Especial, seja na ação da gravitação.

Nessa nova estrutura onde o mundo clássico riemanniano se transmuta e adquire características da Geometria de Weyl, encontramos essa estranha peculiaridade, onde os relógios exibem um tempo dependente de sua trajetória no espaço-tempo.

Essa propriedade da estrutura temporal no mundo quântico — identificado a uma Geometria de Weyl — nos leva a aceitar que, como na poesia, *le temps s'habille de mystère*.

APÊNDICE

O fim da ortodoxia na Ciência[8]

O homem contemporâneo chegou a possuir ressentimento contra tudo que é dado, compreendendo até mesmo sua existência; um ressentimento contra o fato de não ser o criador do mundo nem de si mesmo.

Hanna Arendt (*A condição humana*)

Eu vou começar esse texto com as palavras da filósofa Catherine Larrère em sua apresentação "La nature, la science et le sacré" [A natureza, a ciência e o sagrado] em uma conferência realizada em Paris, em 2014, na Sorbonne, sob o título "Y a-t-il du sacré dans la nature?" [Haveria o sagrado na natureza?].

Segundo Catherine Larrère, ao citar Heráclito "[...] a Natureza ama se esconder", o filósofo Pierre Hadot acrescenta um comentário em que reconhece dois grandes modelos para penetrar esses segredos que a Natureza esconde:

- modo Prometeu;
- modo Orfeu.

No primeiro, trata-se de forçar a natureza a revelar seus segredos por meio da experimentação, da técnica. O segundo (Orfeu) considera que, como o homem é parte inteira da Natureza, esse ocultamento não é sentido como uma resistência que é preciso vencer, mas sim

---

[8] Texto originalmente publicado na revista eletrônica *Cosmos e Contexto*, em junho de 2023. Disponível em: https://cosmosecontexto.org.br/o-fim-da-ortodoxia-na-ciencia/. Acesso em: 26 dez. 2024.

como um mistério ao qual o homem pode, pouco a pouco, ter acesso e ser iniciado. Isso não significa abster-se da técnica, mas usá-la para conhecer e admirar o Universo.

Devemos reconhecer que a posição do modo Orfeu é incompatível com uma sociedade capitalista[9], como a que hoje domina a ordem política mundial.

A tradição recente da Ciência parece integralmente adotar a atitude no modo Prometeu: o *establishment* da ordem científica, assim se orienta. Ou melhor, os cientistas, ao se integrarem ao *establishment*, optam pela solução do modo Prometeu.

Podemos dizer que a Física se deixou absorver por essa posição; e que a Cosmologia procura se estruturar no modo Orfeu.

Em verdade, essas duas afirmações são limitadas, pois nem uma nem outra são inteiramente devotadas a uma só posição. Não é exagero, no entanto, afirmar que o *establishment* da Física, assim como o da Cosmologia, segue a manifestação do modo Prometeu.

Entretanto, os comentários que fizemos neste livro sugerem considerar a ideia segundo a qual se deveria encontrar uma maioria de cientistas de visão do modo Orfeu entre os cosmólogos. Ou seja, tratar a Ciência como contemplação e não tendo como objetivo principal a técnica e a construção de mecanismos de intervenção na natureza.

Vamos precisar essa asserção: a ortodoxia na Ciência se estrutura no modo Prometeu de investigar a Natureza. A contraortodoxia se organiza no modo Orfeu.

---

[9] Segundo Emilie Hache, entendemos aqui por capitalismo um conjunto de práticas e de decisões ligadas ao sistema de produção que não respeita nada, que não tem limite na deformação da natureza, que não se importa com as consequências de seus atos, gerando catástrofes ambientais que ocorrem e que certamente irão acontecer em futuro próximo.

Entendemos essa nomenclatura (referentes a Prometeu e Orfeu) ao lermos suas façanhas na mitologia grega. Enquanto Prometeu arranca o fogo dos deuses, Orfeu se adapta à natureza do reino dos mortos e procura, com o consentimento de todos, fazer reviver sua amada Eurídice.

No limiar de conseguir isso, Orfeu viola a determinação da natureza que o impedia de voltar seu rosto para trás (possivelmente, uma restrição causal). Para certificar-se que Eurídice o seguia alguns passos atrás, ao chegar ao final da caverna que abrigava o reino dos mortos, na entrada para o reino dos vivos, intempestivamente ele volta seu olhar para ela. Essa violação de um preceito da natureza encerra brutalmente o acordo e Eurídice é imediatamente compelida a voltar definitivamente ao reino dos mortos.

A principal distinção da Cosmologia para a Física — e que permite caracterizar a visão cosmológica como sendo mais adaptável ao modelo Orfeu — está relacionada à mudança de atitude do cientista em face de seu elemento de estudo. Isso se deve à compreensão de que na Cosmologia não é possível realizar experimentos, mas somente observações. Observar o comportamento do Universo e o que ele nos revela. Uma tal limitação é consequência de que a única força a controlar a evolução do Cosmos é a gravitação, sua característica de ser universal, e a ausência de gravitação repulsiva.

A visão cosmológica não requer a aceitação da existência de uma harmonia escondida no Universo, ela é o resultado de entender a estabilidade do Universo graças à solidariedade cósmica. Desse modo, permite a formação de estruturas como planetas, estrelas e galáxias, gerando condições para o aparecimento de vida, pelo menos em um desses planetas.

Isso deveria levar os cosmólogos ao abandono do modelo Prometeu e à adesão ao modo Orfeu de contemplação.

As imagens do tempo na mitologia grega

Nossos corpos, nossas ações, organizadas no espaço, são controladas pelo tempo, que invade nossos sentidos e reflete nossa realidade. Em verdade, é o tempo que determina a própria existência do mundo, para além de nossa experiência sensorial. Desde sempre, a humanidade se viu às voltas com a frustração de não poder controlar o tempo. Não somente seu próprio tempo, mas esse misterioso agente que, indo além de meu corpo, invade ostensivamente o corpo do outro.

Com o desenvolvimento da Física, foi possível mostrar que o tempo medido por um relógio pode ser alterado em diversas situações, envolvendo seu movimento e a ação de forças gravitacionais. No século XX, isso deu origem a duas profundas alterações na Física newtoniana: a Teoria da Relatividade Especial (a partir da análise dos movimentos dos corpos e do fato de existir uma velocidade máxima, associada à luz) e a Teoria da Relatividade Geral (uma interpretação bem-sucedida da interação gravitacional).

Essas duas teorias controlam nosso conhecimento sobre o tempo e, consequentemente, estão na base da descrição científica de tudo que existe.

Ao longo da história, diferentes civilizações trataram o tempo como uma principal referência à nossa existência, identificando suas variadas formas como deuses.

Curiosamente, as descrições da Física sobre o tempo, oriundas das duas teorias relativistas essenciais, admitem representações por imagens de antigos mitos gregos:

- O tempo newtoniano, único e absoluto, é representado por Cronos, o senhor dos tempos e controlador de nossas vidas.

- A variação temporal dos observadores inerciais, como descrito na Teoria da Relatividade Especial, pode ser representada por Kairós, o tempo fortuito que foge ao controle de Cronos.

- A Cosmologia contemporânea descobriu que a melhor representação do Universo é um modelo que descreve a variação temporal de seu volume espacial global. Assim, o Universo possui uma fase de colapso (onde seu volume diminui com o tempo), seguida de uma fase de expansão (onde esse volume aumenta com o tempo), não possuindo limite — ou seja, um Universo eterno: os gregos oferecem Aión, o tempo ilimitado.

- A existência de diversos ciclos de colapso e expansão do Universo, produzindo alterações sucessivas na configuração do Cosmos, pode ser representada por Thalia, a musa da transformação.

- A preservação de leis de conservação — como a energia — nos diversos ciclos, é representada por Mnemosine, aquela que guarda os acontecimentos e constitui a memória do Cosmos.

- Enfim, a variação das leis cósmicas no interior de cada ciclo que confere ao Universo sua historicidade, é representada por Clio, a musa da história.

Assim, podemos destacar que a mitologia grega oferece um rico legado de personagens emblemáticos, pois podem ser associados, com liberdade poética, aos diversos tempos da Física e da Cosmologia.

Cronos

Figura 9 | Pierre Mignard (1612-1695). *Time clipping Cupid's wings*. 1694. Pintura, óleo sobre tela, 66 × 51 cm. Denver Art Museum.

Na Figura 9, Cronos elimina um de seus filhos para ser o único a controlar o tempo e dominá-lo indefinidamente, fazendo do seu reinado o verdadeiro temor sobre os humanos. Cronos representa o tempo universal e único da Física clássica.

Kairós

Figura 10 | Francesco Salviati (-1563). *Time as Occasion (Kairos)*. 1543-1545. Afresco, 27,5 × 14 cm. Palazzo Vecchio Museum.

Kairós encarna o tempo especial, o do acontecimento fortuito, não estando, portanto, associado à cronologia linear controlada pelo deus Cronos. Na Física relativista, ele representa o tempo próprio, inercial.

Aión

Figura 11 | Parte central de um grande mosaico de piso em Marche, Itália, ca. 200-250 d.C. Glyptothek, Munique. Aión, o deus da eternidade, está dentro de uma esfera celestial decorada com signos do zodíaco. Sentada à sua frente, está a deusa da mãe terra, Tellus (a contraparte romana de Gaia), com seus quatro filhos, que possivelmente representam as quatro estações.

Glyptothek Munich

Aión simboliza o tempo ilimitado, que não tem começo nem fim, e representa na Cosmologia o tempo cósmico infinito do Universo eterno com *bounce* sem a singularidade do modelo de Friedmann.

Thalia

Figura 12 | Egide Godfried Guffens (1823-1901). *Thalia, Muse of Comedy*. 1892. Pintura, óleo sobre tela, 218 × 114 cm. Egide Godfried Guffens.

Musa da mitologia grega que está associada ao movimento teatral, à alegria e à mudança de ambiente. Na Cosmologia, ela representa o renascer dos diversos ciclos pelos quais passa o Universo.

Mnemosine

Figura 13 | Frederic Leighton (1830-1896). *Mnemosyne, Mother of the Muses.* 1886. Pintura a óleo, 132 × 95 cm. Coleção particular.

Mnemosine é a deusa da memória, do que não ficou esquecido. Na Cosmologia, representa a reminiscência dos diferentes ciclos pelos quais passa o Universo.

Mario Novello

Clio

Figura 14 | Charles Meynier (1768-1832). *Clio, Muse of History*. 1797. Pintura, óleo sobre tela, 273 × 176 cm. The Cleveland Museum of Art.

Musa da história, Clio é associada à sua mãe Mnemosine. Na Cosmologia, Clio representa a historicidade e a dependência cósmica das leis físicas.

Bibliografia

BERTO, Francesco. *Tutti pazzi per Gödel!*: la guida completa al Teorema di Incompletezza. Roma: Ed. Laterza, 2008.

CASSOU-NOGUÈS, Pierre. *Les démons de Gödel*: logique et folie. Paris: Éditions du Seuil, 2007.

DIRAC, Paul A. M. The Cosmological Constants. *Nature*, v. 139, n. 323, 1937.

ELIADE, Mircea. *Le mythe de l'éternel retour*. Paris: Éditions Gallimard, 1969.

GÖDEL, Kurt. An Example of a New Type of Cosmological Solutions of Einstein's Field Equations of Gravitation. *Reviews of Modern Physics*, v. 21, n. 3, p. 447-450, jul.-set. 1949.

HAWKING, Stephen. *A brief history of time*. New York: Bantam Books, 1988.

HAWKING, Stephen; PENROSE, Roger. *The nature of space and time*. Princeton (New Jersey): Princeton University Press, 1996.

LARRÈRE, Catherine; HURAND, Bérengère (eds.). *Y a-t-il du sacré dans la nature?* Paris: Ed. de La Sorbonne, 2014.

MALAMENT, David. A note about closed timelike curves in Gödel space-time. *Journal of Mathematical Physics*, v. 28, n. 10, p. 2427-2430, 1987.

MELNIKOV, Vitaly N. Gravity as a key problem of the Millenium. *arXiv*, 25 jul. 2000. Disponível em: https://arxiv.org/abs/gr-qc/0007067. Acesso em: 2 jan. 2025.

MELNIKOV, Vitaly N. Variation of constants as a test of gravity, cosmology and unified models. *arXiv*, 19 out. 2009. Disponível em: https://arxiv. org/abs/0910.3484. Acesso em: 2 jan. 2025.

NOVELLO, Mario. *Cosmos e contexto*. Rio de Janeiro: Forense Universitária, 1988.

NOVELLO, Mario. *Cosmos et Contexte*. Paris: Ed. Masson, 1987.

NOVELLO, Mario. *Máquina do tempo*: um olhar científico. Rio de Janeiro: Ed. Jorge Zahar, 2005.

NOVELLO, Mario. *O que é Cosmologia?* Rio de Janeiro: Jorge Zahar, 2006.

NOVELLO, Mario. *Do Big Bang ao Universo eterno*. Rio de Janeiro: Zahar, 2010.

NOVELLO, Mario. *O Universo inacabado*: a nova face da Ciência. São Paulo: N-1 Edições, 2018.

NOVELLO, Mario. *Quantum e Cosmos*: introdução à metacosmologia. Rio de Janeiro: Contraponto, 2021.

NOVELLO, Mario. *Manifesto Cósmico I e II*. São Paulo: N-1 Edições, 2022.

NOVELLO, Mario. *Os construtores do Cosmos*. São Paulo: Editora Gaia, 2023.

NOVELLO, Mario. *Blog*. Disponível em: www.marionovello.com.br/blog/. Acesso em: 19 dez. 2024.

NOVELLO, M.; ANTUNES, V. Mass generation and Gravity. *Research Gate*, set. 2022. Disponível em: https://www.researchgate.net/publication/364511730_Mass_generation_and_gravity. Acesso em: 2 jan. 2025.

NOVELLO, Mario *et al*. Nonlinear electrodynamics can generate a closed spacelike path for photons. *Physical Review D*, v. 63, n. 10, 2001.

NOVELLO, Mario; RODRIGUES, Ligia. Bifurcation in the early cosmos. *Lettere al Nuovo Cimento*, v. 40, p. 317-320, 1984.

NOVELLO, Mario.; ROTELLI, P. The cosmological dependence of weak interaction. *Journal of Physics A: General Physics*, v. 5, n. 10, p. 1488-1494, out. 1972.

NOVELLO, Mario; SOARES, I. D.; TIOMNO, Jayme. Geodesic motion and confinement in Gödel's universe. *Physical Review D*, v. 27, n. 4, p. 779-788, 1983.

NOVELLO, Mario; SVAITER, Nami F.; GUIMARÃES, Maria Emília X. Synchronized frames for Gödel's universe. *General Relativity and Gravitation*, v. 25, n. 2, p. 137-164, 1993.

PINTO NETO, Nelson. *Teorias e interpretações da mecânica quântica*. São Paulo: Ed. Livraria da Física: CBPF, 2010.

PRIGOGINE, Ilya; STENGERS, Isabelle. *A nova aliança*. Brasília: UnB, 1997.

REICHENBACH, Hans. *El sentido del tiempo*. Ciudad de México: Universidad Nacional Autónoma de México, 1959.

RIEMANN, Bernard. *On the hypotheses which lie at the bases of geometry.* Cham: Birkhäuser, 2016.

ROMERO, Carlos. Geometria de Weyl e teorias da gravitação. *In*: ESCOLA DE COSMOLOGIA E GRAVITAÇÃO, 10 a 15 de julho de 2023, Rio de Janeiro. *Escola* [...]. Rio de Janeiro: Centro Brasileiro de Pesquisas Físicas (CBPF): Ed. Livraria da Física, 2024.

SAMBURSKY, Shmuel. Static universe and nebular red shift. *Physical Review*, v. 52, p. 335, 1937.

SCHOLZ, Erhard. The unexpected resurgence of Weyl geometry in late 20th century physics. *arXiv*, 9 mar. 2017. Disponível em: https://arxiv.org/abs/1703.03187. Acesso em: 12 fev. 2025.

WEYL, Hermann. *Space-Time-Matter.* [*S. l.*]: Alpha Edition, 2020.

YOURGRAU, Palle. *A world without time*: The forgotten legacy of Gödel and Einstein. New York: Basic Books, 2005.

Posfácio

Mario Novello e o Cristal de Tempo

Rodrigo Petronio

Agora que você, leitor, chegou ao final deste livro e lê este posfácio, tenho certeza de que deve ter experimentado a sensação que geralmente experimentamos com todos os livros de Mario Novello: o impacto. Esse impacto decorre de diversos motivos que se somam em sua obra. O primeiro motivo presente em todos os seus livros é a união entre a complexidade técnica e um didatismo generoso. Por meio de digressões e interlocuções, Novello frequentemente inclui os leitores não especialistas, em um gesto digno dos verdadeiros mestres. E essa dimensão humanista de Novello pode ser vista em todos os quadrantes da atividade como pensador, dimensão infelizmente cada vez mais rara na Ciência, inclusive (e paradoxalmente) nas Ciências Humanas.

Este livro que o leitor tem em mãos segue uma constante da obra de Novello como um todo: tomar um conceito norteador e utilizá-lo como fio argumentativo. Em *Cosmos e contexto* (1988), livro inaugural de sua produção para o público não especializado, a contextualização das leis da natureza evidencia as condições contingentes dessas mesmas leis, tese que repercute ao longo de toda sua obra. O Big Bang e o Universo eterno são os conceitos-matrizes que percorrem *Do Big Bang ao Universo eterno* (2010). Em *O que é Cosmologia?* (2006), a indagação radical sobre os limites, demarcações e potencialidades dessa vasta área do conhecimento assume o protagonismo.

Em *O Universo inacabado* (2018), Novello se concentra na historicidade das leis da natureza. Explora em detalhes o seu programa de uma Cosmologia fundacional, capaz de determinar leis cósmicas para além das leis terrestres. O *Manifesto cósmico I e II* (2022), como o nome diz, explicita o programa subjacente à sua singular Cosmologia. Em *Quantum e cosmos: uma introdução* à *metacosmologia* (2021), somos guiados pelos meandros do micro e do macro, do campo quântico aos confins do Universo. O objetivo é especificar ainda mais a necessidade de uma metacosmologia capaz de equacionar todas as cosmologias e apenas assim expandir o horizonte da Cosmologia como saber.

Por seu lado, *Os cientistas da minha formação* (2006) e *Os construtores do Cosmos* (2023) se atêm a dois objetivos. A primeira obra rastreia a formação intelectual de Novello, em suas interações e trabalhos conjuntos com alguns dos mais importantes cientistas do século XX, brasileiros e estrangeiros. Cumpre assim uma historicidade circunscrita à biografia. A segunda perfaz uma história do pensamento cosmológico mais ampla. Parte de alguns primórdios inauditos, como a obra do poeta e cosmologista iraniano Omar Khayyam (século XI-XII), e chega aos debates mais complexos da Cosmologia contemporânea.

E este *As múltiplas versões do tempo* segue esse mesmo pressuposto de amplitude. Sob alguns aspectos, pode ser visto como complementar a outro livro: *Máquina do tempo: um olhar científico* (2005). Entretanto, a máquina do tempo concebida por Novello se concentra na geometria de rotação das curvas de tipo-tempo fechadas de Gödel. E o faz para pensar um problema específico: as viagens no tempo. Neste *As múltiplas versões do tempo*, temos uma abordagem mais ampla das questões temporais. Nesse sentido, esse livro se assemelha àquilo que Deleuze chama de "cristal do tempo": uma imagem multifacetada da temporalidade.

As múltiplas versões do tempo | Posfácio

Um dos pontos nucleares desses prismas temporais são as diferentes geometrias. E as diversas condições pelas quais se pode conceber uma temporalidade global para o Cosmos, bem como as variações dessas condições produzidas por cada geometria. Ao explorar a flexibilidade dos modelos cosmológicos gerados pelas geometrias de Riemann, Novello mostra ao leitor horizontes originais da Cosmologia. Esses horizontes contêm inclusive a Geometria de Minkowski, geometria de base para o modelo-padrão da Relatividade Geral. As relações entre tempo e relatividade desenvolvidas aqui são primorosas em termos explicativos, e incluem tanto a Relatividade Geral quanto a restrita. Ao mesmo tempo, são uma aula de especulação em torno das potencialidades-virtualidades imanentes à Cosmologia de Einstein, essencial à Ciência e tantas vezes negligenciada; outro aspecto recorrente na obra de Novello é o interesse por teorias esquecidas ou aparentemente fracassadas. A lista de nomes e de teorias transgressoras recuperadas por Novello é imensa. E contempla uma constelação de cientistas excepcionais. Na maioria das vezes, essas teorias e obras foram abandonadas mais por causa dos valores hegemônicos do *establishment* ou em decorrência das pressões que a tecnologia exerce sobre a Ciência do que por motivos internos à cientificidade.

Assim percorremos as abordagens de Mach, Gödel, De Broglie, Blanqui, Dirac, Weyl, Hoyle e Bohm, dentre tantos outros. Esse recurso a nomes esquecidos ou menosprezados nos domínios da Cosmologia nos ajuda a desconstruir algumas certezas enraizadas da Ciência contemporânea. Como diria Deleuze, o pensamento não ocorre nas autoestradas, mas nos acostamentos, diagonais e margens. Novello é um dos pensadores dessa potência marginal da Ciência e da filosofia.

Um dos pontos altos deste livro são as instigantes análises das alterações temporais relacionadas à gravitação. E ainda mais instigantes são as implicações filosóficas e metafísicas que podemos deduzir das alterações produzidas pelos chamados observadores de Rindler e Milne. Os observadores são recursos da Cosmologia para descrever alterações do espaço e do tempo dentro de determinadas condições conceituais. Só esse trecho do livro por si poderia dar ensejo a um tratado especulativo e imaginativo de novas cosmologias.

Outra constante em seus livros que vislumbramos aqui é ênfase na historicidade da Cosmologia e das leis da natureza, em conexão com Hegel e Marx. Essa visão nos conduz a uma concepção processual do Cosmos. Essa ênfase dada à historicidade e ao devir do Universo nos conduz a um conceito fascinante descrito aqui: a autocriação. A hipótese de uma autocriação do Universo a partir da instabilidade quântica do Vazio de *per se* é uma imagem esplêndida. E havia sido delineada em *O que é Cosmologia?*, sobretudo na parte final.

Como alternativa ao criptocriacionismo do Big Bang, a autocriação do Universo pressupõe graus de liberdade, de contingência e de aumento de complexidade imanentes ao Universo, sem a necessidade de recorrermos a eventuais causalidades exteriores à natureza ou anteriores ao ciclo atual do Cosmos eterno. Por meio dessa processualidade, Novello dialoga de modo subterrâneo com algumas teses centrais de Whitehead, acerca do papel desempenhado pelo devir e pela criatividade no Universo. E dialoga com os modelos contemporâneos mais avançados da filosofia, com a teoria da recursividade, com a *autopoiesis*, com as teorias emergentistas e com os sistemas não lineares distantes do equilíbrio, de Isabelle Stengers e Ilya Prigogine. Essa Cosmologia emergente se encontra em todo o seu trajeto intelectual. E, especialmente, na construção da metacosmologia.

Outro aspecto fascinante deste livro são as reflexões relativas a duas matrizes do Cosmos: o atual e o virtual. Como toda teoria ousada, a Cosmologia desenvolvida aqui explora as virtualidades interditadas pela hegemonia das teorias vitoriosas. Essa expansão das virtualidades seria proporcional a uma retração das atualidades. Uma

As múltiplas versões do tempo | Posfácio

minimização do conhecido em prol das navegações por universos desconhecidos. O virtual nesse sentido seria o vetor de uma revolução da Cosmologia. Os caminhos para essa revolução se encontram descritos ao final deste livro. A Cosmologia teve duas revoluções no século XX: a Relatividade Geral e a Teoria Quântica.

Segundo Novello, depois das duas revoluções do século XX, uma terceira revolução se encontra prestes a se consumar no século XXI. Uma das chaves para essa nova revolução seria a teoria do *bouncing* (ricochete), formulada e defendida por Novello desde os anos 1970. Essa teoria soluciona o problema do Universo inflacionário de Alexander Friedman sem a necessidade de recorrer a uma singularidade, ou seja, a um ponto de infinita densidade cujo colapso teria originado nosso Universo e que ficou vulgarmente conhecido como Big Bang.

Além da solução de *bouncing*, outro caminho que nos conduz a essa terceira revolução da Cosmologia seria a formulação de leis cósmicas, capazes de regionalizar as leis terrestres. Cada vez mais a solução de *bouncing* e as leis cósmicas se apresentam como verdadeiros imperativos para a Cosmologia em geral. Toda Cosmologia daqui para a frente deve se transformar em metacosmologia: uma Cosmologia capaz de relativizar as condições terrestres de suas enunciações. Em outras palavras, uma "Cosmologia extragaláctica", incrivelmente definida assim por Novello.

Outro aspecto admirável da obra de Novello é como ela convida o leitor a experimentar uma grande variedade de lentes observacionais para compreender o Cosmos. Essa enorme variabilidade de lentes demonstra uma tecnicidade e um domínio impressionantes no trato com as teorias físicas e com os conceitos. E, ao mesmo tempo, mostra uma curiosidade e um maravilhamento com a complexidade e a diversidade do Universo. Esse pluralismo apenas é possível porque Novello reage às injunções e aos constrangimentos da Ciência hegemônica. Depois do anarquismo epistemológico de Feyerabend e do anarquismo ontológico de Deleuze, finalmente temos o anarquismo cosmológico de Mario Novello. Irmão gêmeo do comunismo, esse anarquismo partilha do conceito de solidariedade coletiva e universal. Essa solidariedade é um tema norteador de sua Cosmologia. Encontra-se claramente delineada em *Os construtores do Cosmos* e em diversos outros momentos de seus escritos. Como diria Jacques Rancière, comentando a Cosmologia transgressora e fascinante de Louis-Auguste Blanqui, a verdadeira história da humanidade é a história do Universo. Novello explora essa premissa em toda sua potência. A historicidade do Universo não seria uma mera projeção antropocêntrica de uma temporalidade humana. A temporalidade humana é que precisaria ser ajustada ao tempo global e universal do Cosmos, definido pela solidariedade.

Nesse sentido, a união entre Cosmologia e poesia descrita no final não ocorre apenas no final. Ocorreu ao longo de toda a leitura deste livro. E ocorre ao longo de toda a obra de Novello. Ela nos mostra que a cientificidade da Ciência não resulta apenas de sua natureza experimental. E muito menos da sua capacidade de cumprir os desideratos da tecnociência. Baseia-se na capacidade de enxergar mais longe, com maior profundidade e a partir de uma variedade cada vez maior de ângulos e de modos de existência, como diriam Gabriel Tarde, Étienne Souriau e Gilbert Simondon.

Desenvolvida em *quantum* e Cosmos, a quantização do tempo a partir da Geometria de Weyl adquire aqui novas nuances. Um mundo totalmente novo, inusual, estranho e fascinante se abre diante de nós, ao concluirmos a leitura deste livro. Nesse reino de estranheza, a poesia deixa de ser a "fantasia de uma embriaguez da realidade". Transforma-se no "sonho de um mundo real mascarado de virtualidade". Apenas uma Cosmologia feita por um poeta ou um cosmologista, capaz de compreender o Universo como um grande poema, pode acessar esse mundo.

Sobre o autor

Mario Novello é pesquisador Emérito do Centro Brasileiro de Pesquisas Físicas (CBPF) e doutor em Física pela Universidade de Genebra. Foi pioneiro no estudo sistemático da Cosmologia no Brasil e, em 1979, elaborou o primeiro modelo cosmológico de um Universo eterno, em oposição ao modelo Big Bang. Em 2004, recebeu o título de *docteur honoris causa* da Universidade de Claude Bernard Lyon 1 por seus estudos sobre a origem do Universo. Em 2006, foi reconhecido pelo CBPF por ter orientado o maior número de teses de mestrado e doutorado da instituição. Publicou mais de 150 artigos em revistas científicas internacionais, tornando-se um dos nomes mais destacados do mundo na área, junto à sua dedicação de mais de quarenta anos à pesquisa e à docência. É autor de vários livros de divulgação científica, como *O Universo inacabado*, *O que é Cosmologia?*, *Quantum e Cosmos*, entre outros. Em 2017, recebeu o Prêmio Jabuti pelo livro *Os cientistas da minha formação*, na categoria de divulgação científica.

A obra inaugural da Série Mario Novello, *Os construtores do Cosmos*, trata de algumas das personagens da comunidade científica que produziram conhecimento sobre o Cosmos, possibilitando sua compreensão. Novello aborda os passos que foram dados por cientistas para construir a Cosmologia contemporânea. Mais do que isso, explora como esse processo impacta nossa percepção do mundo e do Universo.